应 用 型 服 装 专 业 系 列 教 材

女裙·裤装
款式·版型·工艺

NÜQÚN KUZHUANG
KUANSHI BANXING GONGYI

主编：陈娟芬

副主编：章华霞 赖伊萍

参编：张小美 董春燕 汪 烨 朱荣庆

东华大学出版社·上海

内容提要

　　本教材把裙和裤款式设计与相应版型设计和工艺设计结合编写，运用女裙、裤装典型款式和时尚款式设计全面系统地介绍了女裙、裤装款式、版型和工艺，对款式设计、制版技术和工艺做了深入的案例剖析与实践，将新技术、新工艺、新规范、新标准及时引入教材，正确把握经典与现代、理论与实践、显性与隐性的辩证关系，具有启发性强、应用性强的特点。

　　本书适合应用型院校服装相关专业的教材用书，也可作为服装企业技术人员及服装爱好者的学习资料。

图书在版编目 (CIP) 数据

女裙·裤装款式·版型·工艺 / 陈娟芬主编 . —上海：东华大学出版社，2020.8
ISBN 978-7-5669-1640-2

Ⅰ . ①女… Ⅱ . ①陈… Ⅲ . ①裙子—服装量裁—教材 ②裤子—服装量裁—教材
Ⅳ . ① TS941.7

中国版本图书馆 CIP 数据核字 (2020) 第 134679 号

责任编辑　马文娟
封面设计　李　静

女裙·裤装款式·版型·工艺
NÜQÜN KUZHUANG KUANSHI BANXING GONGYI

主　编　陈娟芬
副主编　章华霞　赖伊萍
参　编　张小美　董春燕　汪　烨　朱荣庆

出　　　版：东华大学出版社（上海市延安西路 1882 号，200051）
出版社官网：http://dhupress.dhu.edu.cn
天猫旗舰店：dhupress@dhu.edu.cn
发 行 电 话：021-62373056
印　　　刷：上海龙腾印刷有限公司
开　　　本：889 mm × 1194 mm　1/16
印　　　张：15
字　　　数：528 千字
版　　　次：2020 年 8 月第 1 版
印　　　次：2020 年 8 月第 1 次印刷
书　　　号：ISBN 978-7-5669-1640-2
定　　　价：59.00 元

总　序

国以才立，业以才兴。2018 年 9 月 10 日，习近平总书记在全国教育大会发表重要讲话，他强调：党和国家事业发展对高等教育的需要比以往任何时候都更加迫切，对科学知识和卓越人才的渴求比以往任何时候都更加强烈。他提出要形成高水平人才培养体系，这是当前和今后一个时期我国高等教育改革发展的核心任务。教育部部长陈宝生在新时代全国高等学校本科教育工作会议的讲话中提出：高水平人才培养体系包括学科、教学、教材、管理、思想政治工作五个子体系，而教材体系是高水平人才培养不可或缺的重要内容。

《国家中长期教育改革和发展规划纲要》中明确提出"全面提高高等教育质量""提高人才培养质量"，要求加大教学投入，加强教材建设，明确指出"充分发挥教材育人功能"，加强教材研究、创新教材呈现方式和话语体系。

本系列教材正是紧密围绕新时代全国高等学校本科教育工作会议中要求人才培养要紧紧围绕全面提高人才培养能力这个核心点，着力培养品行端正、知识丰富、能力过硬的高素质专业人才培养这一落脚点，组织知名行业专家、高校教师编写了这套"应用型服装专业系列教材"的系列教材，将学科研究新进展、产业发展新成果、社会需求新变化及时纳入，并吸收国内外同类教材的优点，力求臻于完美。

本系列教材体现以下几个特点：

1. 体现"业界领先、与时俱进"理念。特邀服装行业专家学者、企业精英对本系列教材进行整体设计，实时更新业界最新知识，力求与新时代发展吻合，尽力反映行业发展现状。

2. 围绕"应用型人才"培养目标。本系列教材力求大胆创新，突出技术应用。根据服装专业应用型人才培养目标，面向课堂教学案例教学改革，注重以学生为中心，以项目为主线，以案例为载体。

3. 突出"能力本位"实践教学。瞄准"能力"核心，突出体现产教融合、校企合作下的教材共建，将传统学科知识与产业实践应用能力相结合，强调教材的实用性、针对性。

4. 实现"系统性、多元化"教材体系。该系列教材以"设计—版型—工艺"为主线，充分利用现代教育技术手段，基于网络教学平台（jwc.jift.edu.cn）建设优质教学资源，开发教学素材库、试题库等多种配套的在线资源。

5. 强调在教材用语上生动活泼，通俗易懂；在编写体例上，力求体系清晰，结构严谨；在内容组织上，体现循序渐进，力争实现理论知识体系向教材体系转化、教材体系向教学体系转化、教学体系向学生的知识体系和价值体系转化。

本系列教材服务于服装类相关专业，适合以培养实践能力为重的应用型高等院校使用，同时对服装产业相关专业亦有很好的参考价值。应用型系列教材编写形式虽属于我们的初次尝试，但我们相信本套教材的出版，对我国纺织服装教育的发展和创新应用型人才的培养将做出积极贡献，必将受到相关院校和广大师生的欢迎。

欢迎广大读者和同仁给予批评指教。

应用型服装类专业系列教材编委会

前　言

本教材以能力培养为主线，把裙、裤款式设计与相应制版和工艺设计相结合编写，内容结构系统、全面、新颖，打破了传统的知识体系，理论和实践紧密结合，款式、制版与工艺很好的衔接，同时将新技术、新工艺、新规范、新标准及时引入教材，正确把握经典与现代、理论与实践、显性与隐性的辩证关系。

本教材是编者多年来研究与教学实践的总结，从服装专业生产和教学的需要出发，以成果导向工作和学习过程设计为主要特征，同时也体现了学习跨学科性特征，教材的整体编排体现了高等教育课程改革的先进理念，本教材与系列教材中《女装款式设计原理》《女装版型设计原理基础》相衔接，形成裙装、裤装款式、制版和工艺的整体知识体系，突出理论知识的应用和实践能力的培养，有很强的实用性，可作为高等院校服装类专业的教材，也可作为服装企业技术人员的参考书。

参与教材编写的有主编陈娟芬，副主编章华霞、赖伊萍（企业），及参编人员共七人，在编写过程中，充分发挥了教学团队的力量，其中章华霞、陈娟芬编写了第二章、第五章和第八章，赖伊萍、张小美、朱荣庆编写了第三章、第六章、第九章和第十章，汪烨、董春燕编写了第一、第四、第七章，陈娟芬、董春燕做最后的统稿及完善工作。

此书在编写过程中得到了学校领导的鼎力支持，得到了同事、同行和企业技术人员的大力帮助，值此教材付梓之际，谨向上述同志及出版社工作人员致以真心的感谢。

因时间仓促，水平有限，教材中疏漏及不尽如人意之处在所难免，恳请各位专家、同仁提出宝贵意见，我们将感激不尽。

编者

目　录

第一章　女裙款式设计

第一节
女裙概述

一、女裙发展历史

　　裙装是一种围在腰部以下的服装，是下装的两种基本形式之一，更是人类最早的服装。

　　女裙在中国的历史可谓源远流长。在远古时期，我们的祖先为了抵御寒冷和疾病，就将树叶和兽皮围在一起，系在腰间，形成了裙子的雏形。黄帝时期第一次建立了上衣下裳的制度，不同地位的人穿着不同颜色和形制的服装，不可僭越，那时的"裳"指的就是裙子。春秋战国时期，人们普遍穿着深衣，上衣与下裳相连，样式类似于连衣裙（图1-1-1）。汉朝时期，裙子的形制开始接近现代的裙子款式，上衣较短，下裙较长。魏晋南北朝时期，长裙曳地五尺，使用不同颜色和面料拼接而成的间色裙蔚然成风。隋唐时期，女性以丰满为美，女性皆穿着高腰长裙，增加裙幅，以石榴红色为尚。明朝时期，褶裥长裙流行开来，民间妇女多穿着紫色、桃红、绿色长裙。民国时期，女学生多穿着上袄下裙，素色衣袄、黑色长裙成为当时女装的清流。而如今中国女性穿着的女裙款式各异、色彩纷呈，尽显多元文化、大国风范。

图1-1-1　秦汉妇女曲裾深衣复原图

　　女裙在国外的发展历程则要从古埃及时期说起：古埃及人发明了将布缠裹或缝制成圆筒形的女裙雏形，使用面料以亚麻织物、羊毛织物及棉布为主。希腊时期的服装被誉为"一块布的艺术"，当时的连衣裙被称作"希顿"，是通过布料在人体上的披挂和系扎形成褶皱优美的女裙，是时人最基础的服装。14世纪中叶，男女服装造型产生了分化：紧窄的上半身和宽松膨大的下裙成为了女性的专属，省道技术的诞生使得西方女裙正式从二维平面转向三维立体，从此确立了中西服装构成理念上的巨大差异。文艺复兴时期至洛可可时期，女裙体现了极端的性别分化：男性服装的重心都放在上半身，而女性女裙以袒露胸口、束缚腰部、裙身膨大为主要特征，夸张女性的曲线美。直到20世纪初，在新思潮的影响下裙装才解除刻板的廓型，取消了庞大的裙撑（图1-1-2、图1-1-3）。时至今日，西方女裙也在不断地演变发展。

随着时代的发展、纺织与工艺技术的发达，更多时尚的款式、面料和工艺被运用在裙子的设计当中。现代女性穿着女裙以彰显个性，凸显身材，由过去单一的形制变为多元的款式，如紧身裙、圆首裙、钟型裙、包裙、半紧身裙、暗裥裙、异型裙等（图1-1-4）。

在长期的历史进程中，裙子的形式不断演变发展，有了丰富的款式。女裙根据各个时代、国家的不同服用需求与政治、经济、文化进程进行了各种演变，至今多为女性穿着，已成为了人类不可缺少的服装种类之一。

图1-1-2 Maison du Petit Sant Thomas女礼服

图1-1-3 1902年上流社会女性拍摄的照片

图1-1-4 Balmain 2019 早秋

二、女裙的设计风格

女裙的风格变化多端,可根据其设计区分为职业风格、中性风格、淑女风格、民族风格、科技风格、浪漫风格、怪诞风格、工装风格、休闲风格等。

(一)职业风格

职业风格的女裙干练洒脱、优雅大方。面料以棉、针织、呢料等挺括材质为主;配色以中性色、高级灰色系及大地色系居多;工艺考究、廓型立体、图案简洁,适合都市女性的日常工作及正式场合穿着(图1-1-5)。

(二)中性风格

中性风格女裙简约大气、硬朗率性、图案简洁。廓型以H型的直裙居多,不勾勒女性身材,体现帅气个性;面料多为棉、麻、呢或锦纶面料;配色以无彩色、大地色系、冷色系居多,用以彰显个性、表达态度(图1-1-6)。

(三)淑女风格

淑女风格的女裙可以典雅端庄,也可以甜美动人。款式多为包臀裙或伞裙,廓型以A型、S型为主,显露女性妙曼曲线;面料有棉、毛、丝、麻、雪纺、蕾丝等,可使用花边、钮扣、羽毛饰边、流苏等作为装饰辅料;颜色丰富靓丽,如红色、橙色、蓝色、粉色等,适合女性日常穿着与度假休闲(图1-1-7)。

(四)民族风格

民族风格的女裙浪漫洒脱,具有强烈的异域风情。面料可用雪纺、绸缎、呢料、针织等;图案多为民族图腾,色彩艳丽悦目,多为高纯度的撞色,适合节假休闲、亲友聚会时穿着(图1-1-8)。

(五)科技风格

科技风格的女裙灵感取材于科幻小说、电影。款式与常规服装截然不同,往往突破人类的想象极限;面料以非常规面料为主,如TPU、PVC、木纤维、LED灯带等,是具有鲜明高科技理念的服装,适合秀场发布、个性潮人穿着(图1-1-9)。

(六)浪漫风格

浪漫风格女裙柔美典雅、层次丰富。廓型多为S型或A型,强调女性优美的身材曲线与唯美的气质;面料多为泡泡纱、雪纺、真丝、府绸、棉等柔软爽滑的面料,工艺复杂,颜色多为白色、米色、淡蓝、淡紫、淡粉色等素雅色调,适合约会或度假时穿着(图1-1-10)。

(七)怪诞风格

怪诞风格女裙形式夸张,充满戏剧性效果,设计天马行空。任何材质的面辅料都可以进行混搭,蕾丝、针织、毛呢、提花、烫金、欧根纱、棉麻等面料以出其不意的姿态组合在一起;颜色像是五彩缤纷的万花筒,绚丽多彩,适合趣味十足、怪诞可爱的潮人穿着(图1-1-11)。

(八)工装风格

工装风格的女裙功能性很强,款式也随性不羁。面料主要为牛仔、帆布、亚麻等耐磨、耐腐蚀材质;工艺可分为水洗、扎染、刺绣、印染、磨花等;颜色多为牛仔蓝、米白、卡其、军绿、藏蓝等色调,适合娱乐休闲、远足探险时穿着(图1-1-12)。

(九)休闲风格

休闲风格的女裙舒适柔软、廓型宽松。材质多为网眼涤纶、棉、莫代尔、天丝等排汗透气、柔软轻薄的面料;装饰手法以系带、镶边、水印为主;颜色多为丰富的纯色,如桃红色、荧光绿、柠檬黄等,适合运动健身、休闲娱乐时穿着(图1-1-13)。

图1-1-5　Officine Generale 2019秋冬

图1-1-6　Joseph 2019早秋

图1-1-7　Valentino 2019早秋

图1-1-8　Etro 2019 早秋

图1-1-9　Moon Young Hee 2019春夏

图1-1-10　Anaïs Jourden 2019春夏

图1-1-11 Thom Browne 2019春夏

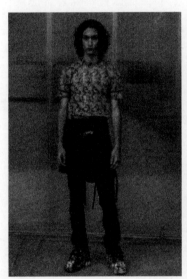

图1-1-12 Ottolinger 2019 春夏

图1-1-13 Simonetta Ravizza 2019 春夏

第二节
女裙造型设计

一、女裙各部位名称图解

　　要学会女裙的造型设计，首先要了解女裙部位名称，图1-2-1以直筒裙为例，标示出了直筒裙各部位的名称。女裙的设计取决于女裙的外廓型和内结构变化，将这些外廓型和内结构进行设计与组合，就能产生女裙的各种造型。如改变女裙廓型、裙身长度、裙摆宽度、褶裥设计、分割线设计、省道设计、口袋设计、门襟设计、腰头设计、腰襻设计等。

二、女裙款式的分类

　　女裙的款式可谓千变万化，可根据女裙的廓型、腰头的位置、裙摆的长度、裙摆的大小等不同角度对女裙进行分类。

1. 按女裙廓型分类

　　女裙的设计首先应当从廓型的考虑和设计开始，女裙的外部廓型是女裙款式的重要组成部分，决定了女裙的大体造型，并由此来决定女裙的肥瘦、腰节高低和裙身长短，以及下摆的造型等款式特征。在设计女裙廓型时需要考虑到，人体不是直立不动的，需要考虑人体的行走，尤其对于中长的收身型和直筒型款式女裙的设计。由于摆围一定是小于人体跨步幅度的，所以开衩的设计必不可少，起决定性因素的是裙衩的高度，一般由大腿中上部开始的。所以，如果裙长本身就高于大腿中上部，那么就不需要考虑裙衩了，除非是出于款式的需要。

　　根据裙子的外部廓型，可将女裙分为喇叭裙（A型裙）、筒裙（H型裙）、紧身裙（S型裙）、收腰大摆连衣裙（X型裙）等。

　　（1）A型裙

　　廓型较为舒展的女裙款式，上紧下松，

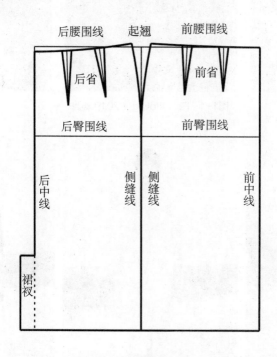

图1-2-1　直筒裙各部位名称

裙摆松量较大，适合度假休闲、节日典礼时穿着，浪漫活泼、柔美动人，具有女性气息，如喇叭裙、波浪裙、圆桌裙等。

（2）H型裙

廓型较为严谨的女裙款式，上下宽窄一致，松量比较小，适合职业场合穿着，简约大方、优美典雅，具有职业女性的风采，如西装裙、筒裙、一步裙等。

（3）S型裙

廓型较为贴身的女裙款式，上下宽窄随身体结构变化，松量较小，适合社交场合穿着，显露女性身材，曲线窈窕，如旗袍裙等。

（4）X型裙

廓型有收有放的女裙款式，肩部、胸围和下摆较宽，腰围收紧，适合正式场合穿着，柔美大气、别具一格，具有女性美感的同时不失气质风范，如收腰大摆连衣裙等。

2. 按腰头位置分类

腰部是女裙造型变化的重要部位，其结构设计变化丰富多样。按照腰部结构形态特点，可以把女裙腰部分为正腰、高腰、低腰、无腰等几大类。女裙腰线高低的变化，可使女裙具有不同的风格，高腰线的腰部设计，显得女性下肢纤长柔美；中腰线的腰部设计，使女裙具有端庄自然之感；低腰线的腰部设计，展现轻松随意的气质。女裙腰部造型不同，与人体腰部体表的关系也不同（图1-2-2）。

（1）正腰女裙设计

人体腰部最细部位是正常的腰位，也称为正腰，在欧洲非常重视正腰的设计，一直被认为是最经典的腰部设计。正腰女裙腰头宽度一般为2~3cm，结构较为简单，随流行的变化，腰头的宽度也会相应变化，有的女裙腰头仅为1cm，甚至更窄。因正腰腰部的臀腰差较大，省量也相应较大。此类腰部结构中，常用表现人体臀腰曲面变化的省道设计与变化来表现腰部造型设计的细节和重点，如省道量的大小、位置、形态、个数等多种形式的变化，表现出丰富的腰部结构设计造型。

（2）高腰女裙设计

高腰女裙设计可以重新调整人体的比例，使人体上部分比例缩短，下肢长度延伸，比例达到最佳效果，且因高腰设计收紧了胸围线下部，使女性胸围显得更为丰满，身姿得到完美呈现，备受女性喜爱。随着复古风潮的流行，高腰设计已成为当今时尚的焦点。高腰女裙的腰头在腰线上方4cm以上，最高可到达胸部下方。

（3）低腰女裙设计

在下装结构设计中，通常将腰部最细处作为正常的腰位，在其之下的被称为低腰腰位，低腰腰线到臀围的距离较短。因亚洲人臀部下垂，腰节较长，低腰的下装结构设计可以改善腰节过长的人体比例关系，低腰下装设计也成为流行的时尚元素。低腰女裙前腰高度在腰线下方2~4cm，腰头呈弧线。

3. 按女裙长度分类

实用的女裙设计，裙身长度范围从人体臀部下缘开始，直到脚踝，也有超长的设计

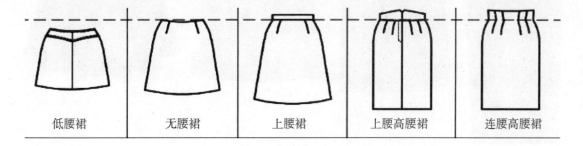

图1-2-2　女裙腰位设计

| 低腰裙 | 无腰裙 | 上腰裙 | 上腰高腰裙 | 连腰高腰裙 |

样式，但是需要搭配高跟鞋穿着。女裙长短的设计是一个极富流行感的设计元素，其高低是一个重要的流行指标，近年来膝盖附近长短的中裙比较流行。

女裙按照长度可以分类为迷你裙、短裙、及膝裙、过膝裙、中长裙、及踝裙、拖地长裙，如图1-2-3所示。

（1）迷你裙

迷你裙是女裙中最短的，长度到大腿根下3~5cm。

（2）短裙

长度到大腿中部上下3~5cm。

（3）及膝裙

长度在膝关节上方3~5cm。

（4）过膝裙

长度越过膝盖5~8cm。

（5）中长裙

长度在小腿肚上下5~10cm。

（6）及踝裙

长度在脚踝上下3~5cm。

（7）拖地长裙

长度至地面及身后，根据场合和设计理念进行裙长的设计。

4. 按裙摆大小分类

女裙的下摆变化丰富多样，首先从裙摆的围度来看，从贴身的围度开始可以随着裙身的造型无限地放大，超过180°的裙摆都没问题；其次是裙摆高低的设计，裙摆不一

图1-2-3　裙子的长度变化

图1-2-4　裙子的下摆变化

定是与地面保持水平的，可以前高后低，也可以前低后高，更可以一边高一边低；还有就是裙摆线的造型设计了，同样可以随心所欲，有平直、波浪、尖角、圆弧、不规则等造型（图1-2-4）。

女裙按照按裙摆的大小可以分为修身裙、直筒裙、半圆裙和整圆裙。

（1）修身裙

指的是款式较为贴身的裙型，臀围放松量4cm左右，结构较严谨，腰围和臀围、下摆都非常紧窄，贴合人体曲线，体现女性柔美的身材，需开衩或加褶，多为活动典礼场合穿着（图1-2-5）。

（2）直筒裙

指的是上半身较为贴身、下半身呈桶状，自然垂直于地面的裙型，显露柔美身材的同时，也具有职业女性的端庄美，多在正式场合穿着。

（3）半圆裙和整圆裙

俗称伞裙，裙身摊开呈圆弧状，下摆的量随圆弧的角度大小而增减，弧度可以从180°~360°，弧度越大，波浪越多，裙子越蓬松。面料以呢料、棉、麻、欧根纱等挺括的材质为佳；裙长较长时优雅庄重，多在晚宴、典礼时穿着，裙长较短时俏皮活泼，多在休闲度假场合穿着（图1-2-6）。

图1-2-5　Alejandra Alonso Rojas 2019早秋

图1-2-6　Christian Dior 2012春夏

三、女裙的综合元素设计

（一）女裙褶裥设计

褶裥在女裙上的作用较之上装要重要得多，是裙子中变化最丰富的元素（图1-2-7），表现在以下几个方面：

1. 可以解决腰臀之间的差量

由于人体腰部与臀部之间较大的差值，所以在腰部往往需要收掉许多余量，以使裙身与人体内贴合，而褶裥是一种重要的手段。

2. 可以替代裙衩的作用

如果裙摆影响了人体的运动，就需要在裙摆处设置开衩来满足需要，而裙摆处的褶裥可以起到同样的作用，这样可以避免对于裙身的分割。

3. 具有多种样式

（1）自然褶裥

这种褶裥是通过在上缘接缝处的抽褶或重叠，并运用面料的悬垂性能，自然形成的褶裥类型，可以产生波浪起伏的自由效果，是女裙中最常见的褶裥类型。

（2）定型褶裥

这种褶裥是通过高温、高压和特殊工艺等对叠合好的褶裥进行定型处理的样式，有单向褶裥、厢式褶裥、风琴褶裥等类型，既可以贯通于整体裙身，又可以局部使用，形成女裙上经典的褶裥样式。

（3）绗缝褶

这种类型的褶裥是在裙身上通过车缝较紧密或有弹性的绗缝线而形成的自然褶皱，具有轻松随意的效果，可有纵向、横向、斜向，或图案状等各种样式。由此可见，褶裥的设计对于裙子的设计非常重要。

（二）女裙分割线设计

女裙上的分割线是指对裙身进行分割再缝合后产生的线条，有功能性的作用（图1-2-8）。

| 顺褶裙 | 对褶裙 | 活褶裙 | 碎褶裙 | 垂褶裙 |

图1-2-7　女裙褶裥设计

| 四片裙 | 六片裙 | 三节裙 | 横向分割裙 | 旋转裙 |

图1-2-8　裙装分割线设计

1. 纵向分割线

这种方式的分割线是女裙中最常见的分割方式，除了侧缝分割线外，在裙身前后片都可以无限分割，经典的款式有四片式、八片式、十六片式等，如今更是有不对称分割样式，以及非直线的纵向分割线条。有些分割线可能考虑采用辅料来实现。

2. 横向分割线

首先来说，腰头的结构本身就是一种横向的分割类型。除此以外，裙身上的横向分割有下摆分割、均匀分割、渐变分割和错落分割等多种样式，线条也并不一定是直线，还可以是曲线和折线等，只要线条是水平的就可以。

3. 斜向分割线

这种方式的分割线也有多种角度和多种排列方式，例如，75°、45°、15°等，也有均匀排列、渐变排列、放射排列和自由排列等许多样式，还有旋转型裙也属于这种类型，其线条也可有直线、曲线、折线等。

4. 交叉分割线

所谓交叉分割线就是将多种方向的分割线排列在一起，形成相互重叠的样式，这样的分割可以形成交错的视觉效果，具有流行时尚的风格。

5. 图案分割线

这种类型的分割线可以按照设定的某种造型的图案将之摆放在裙身上进行尝试，关键看平面构图的效果，例如圆形、方形、菱形、三角形、螺旋形等，也可以是一个人物、动物或植物等，或者就是一个抽象的自由图形。

（三）女裙省道设计

女裙上的省道与裙裥的第一功能都是起到收缩腰部、突出臀部的作用，省道的省尖位置不能超过臀围线，其数量、方向和位置是设计的关键，既可以从腰部上缘开始，也可以起于侧缝处。

（四）女裙口袋设计

女裙的口袋作用不大，但是结构却与外套上的相似，都有袋身、袋盖或袋贴等部分组成，也可按外观分为明口袋和暗口袋两种。明口袋是以明贴袋为主，也就是整个口袋的轮廓按需要平服地缝合在裙身表面上的形式，造型清晰可见，也有立体口袋的样式；而暗口袋则是整个口袋造型不可见的一种样式，或可称为插袋。暗口袋的开口处一般隐藏于口袋的袋贴、袋盖或裙身的分割线处，口袋的整体藏于衣片内侧，也有的女裙设计采用内贴暗袋的方法，其裙身表面可以见到缝迹线。

（五）女裙门襟设计

女裙上的门襟根据其所在的位置可分为前开门襟、后开门襟和侧开门襟三种，又可根据在前后的比例分为对称式门襟和不对称式门襟两种，还可根据其闭合的方式分为拉链闭合式、钮扣闭合式、系带闭合式和重叠闭合式等多种样式。

（六）女裙腰头设计

腰头的设计主要取决于腰头所在的位置和宽度，就最基本的中腰位置而言，最合适的腰头宽度上限是3cm，即可以是直腰。如果超过了这个尺寸范围，就要看这个腰头相对于人体腰线所在的位置了，腰线以上的须有上弧，腰线以下的须有下弧，两者都被称为圆腰，这是由人体曲线而定的。而小于3cm的腰头则可忽略人体曲线，最窄的腰头可以是0.5cm的滚边宽度。

（七）女裙腰襻设计

在腰部的设计中，马鞍襻是很常见的结构。一般为1cm宽，3.5cm长，前后两枚，平均分布于腰围上。腰襻的设计变化主要表现在经典马鞍襻样式的变化，即在宽度、长度、数量和角度等上的变化，以及装饰上面的变化，从而产生款式变化。

第二章　女裙版型设计

第一节
女裙基本款式版型

以下以直筒裙为例介绍女裙基本款式版型。

（一）款式、面料与规格

1. 款式特点

该款式为紧身及膝分割线直筒裙，前片左右由分割线组成，后片左右各一个省。H型直筒裙是裙装中的结构基础，任何裙装都可以在此款裙子上进行变化。其特点是裙身平直，裙的腰、臀部呈曲线形状，符合人体形态。在后中臀部以上装拉链，装直腰，腰头锁眼、钉钮。裙臀部以下呈筒状结构，摆围略有收小，是裙装中最基本的款式，给人端庄、严谨、挺拔的气质，适合做职业装，也可以与上衣组合成套装，适合各年龄段的女性穿着（图2-1-1）。

2. 面料

直筒裙根据裙子造型，一般适合选用有一定厚度和挺括度的面料，可选用棉、绸、麻、呢绒以及化纤面料，比如棉卡其、华达呢、凡立丁、麦尔登等。

3. 规格设计

此款裙子根据及膝裙的定义，长度一般至膝围上下。直筒裙臀围一般在净臀围基础上加放2~6cm，腰围在净腰围基础上加放0~2cm。因此对于160/68A的人来说，成品裙子尺寸可做见表2-1-1设定。

由于面料在裁剪制作过程中存在着损耗，在设定制版规格时，要适当加放由于面料缩率、工艺损耗等引起的损耗量。

（二）结构制图要点

结构制图如图2-1-2所示。

① 裙长至膝围上下，在58~62cm。

② 在裙腰的后中至后臀点装有隐形拉链，便于穿脱方便。

③ 腰围放松量确定：依据160/68A中间女体，从号型表中查得净腰围是68cm，加放2cm的松量，制图腰围是70cm。

④ 臀部放松量的确定：由于直筒裙臀部是贴服人体的重点部位，因此，放松量不宜过大，以2~6cm为宜。款式贴体，面料有弹性，放松量需少点；款式宽松，面料无弹性，放松量需多点。160/68A号型的净臀围是90cm，结构制图臀围就在92~96cm，本例选择用92cm。

⑤ 臀高的确定：腰线与臀线的距离，根据女性标准中间体的测量，成年女性臀高在17~20cm。

⑥ 省大及省的个数确定：根据直筒裙的制图规格，得出臀腰差量22cm，因此直筒裙设计为四个省，四分之一裁片设一个省，每个省大为2.5cm。

（三）样版制作

样版制作如图2-1-3所示。

表 2-1-1 直筒裙规格表 （单位：cm）

号 型	部位名称	裙长（L）	腰围（W）	臀围（H）	臀长	腰宽
160/68A	净体尺寸	/	68	90	18	/
	成品尺寸	60	70	92	18	3

图2-1-1　直筒裙效果图

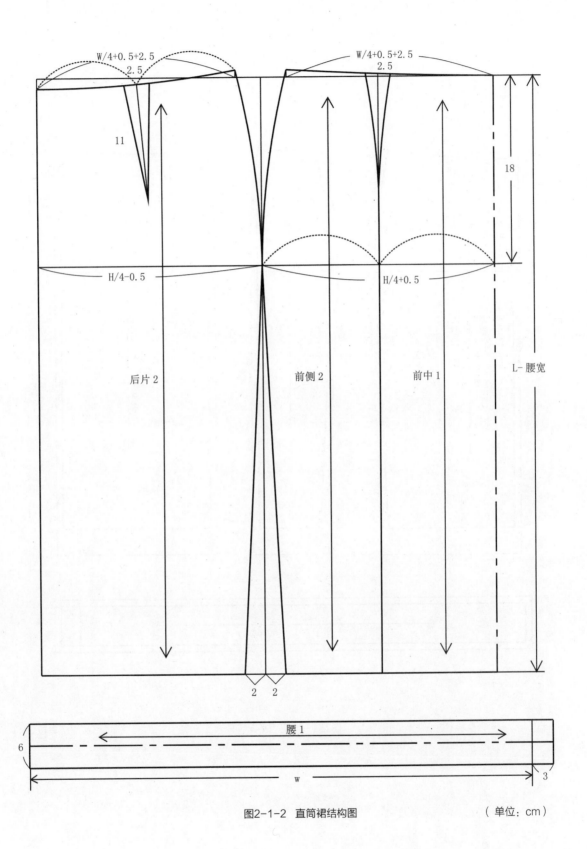

W/4+0.5+2.5

2.5

W/4+0.5+2.5

2.5

11

18

H/4-0.5

H/4+0.5

后片 2

前侧 2

前中 1

L-腰宽

2 2

腰 1

6

w

3

图2-1-2　直筒裙结构图　　　　　　　　　（单位: cm）

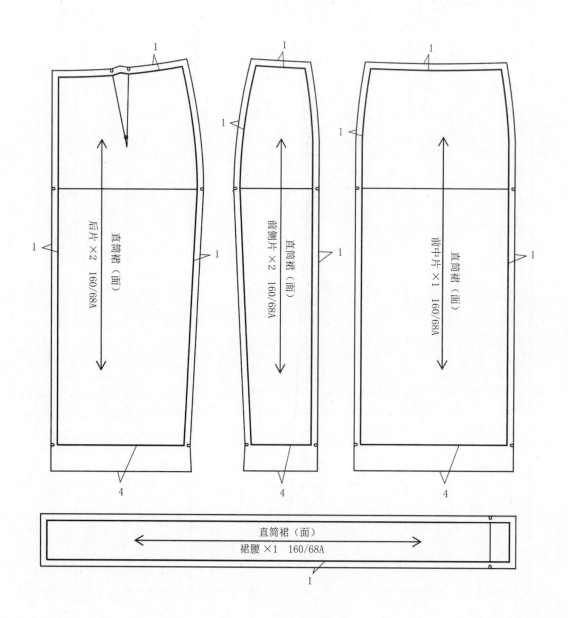

图2-1-3　直筒裙样版图　　　　　　　　　　　　　（单位:cm）

第二节
女裙变化款式版型

一、鱼尾裙结构设计与纸样

（一）款式、面料与规格

1. 款式特点

此款鱼尾裙分八片，长至膝部。腰部、臀部及大腿中部呈合体造型，往下逐步放开下摆展成鱼尾状。鱼尾裙凸显女性的优雅线条，恰到好处的裁剪可显示女性的修长体型，使纤细的腰与撑起的胯部形成对比（图2-2-1）。

2. 面料

根据鱼尾裙的造型，一般适合选用悬垂性良好的面料，可选择用丝绸、精仿呢绒及垂感好的化纤面料，比如真丝四维呢、华达呢面料等。

3. 规格设计

鱼尾裙臀围一般在净臀围基础上加放2~5cm，腰围在净腰围基础上加放0~2cm。因此对于160/68A的人来说，成品裙子尺寸可做见表2-2-1设定。

（二）结构制图要点

结构制图如图2-2-2所示。

①前、后裙片臀围的中点向前、后中心偏移1cm设定切开基线，腰臀余量在侧缝、切开分割线和后中片去掉。

②将省道藏于分割线中，并且需要修顺分割线与省尖的连接片。

③臀围线至裙摆的长度三等分，第一个等分点为鱼尾造型的起始点。

（三）样版制作

样版制作如图2-2-3所示。

表2-2-1　鱼尾裙规格表　　　　　　　　（单位：cm）

号 型	部位名称	裙长（L）	腰围（W）	臀围（H）	臀长	腰宽
160/68A	净体尺寸	/	68	90	18	/
	成品尺寸	70	70	92	18	3

图2-2-1 鱼尾裙效果图

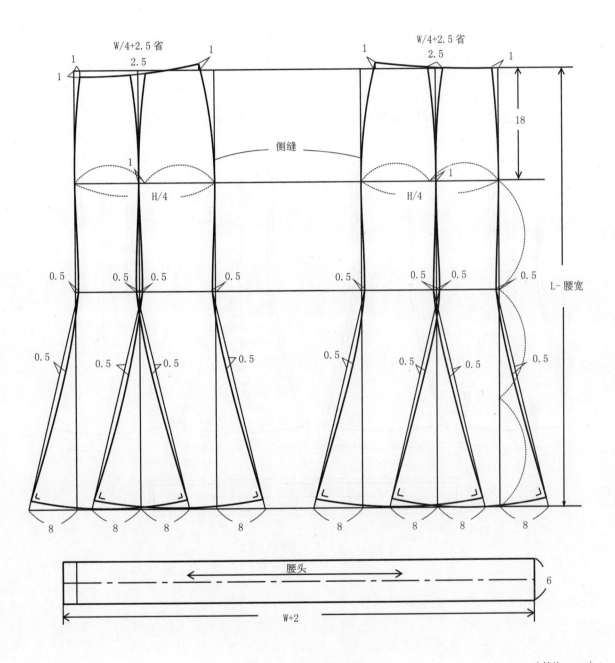

图2-2-2 鱼尾裙结构图　　　　　　　　　　（单位：cm）

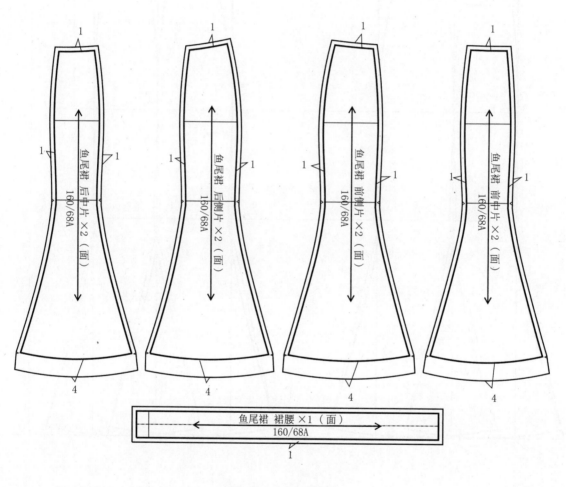

图2-2-3 鱼尾裙样版图

（单位：cm）

二、育克裙结构设计与纸样

（一）款式、面料与规格

1.款式特点

此款为低腰育克分割裙，裙长在膝盖附近，横向育克分割，上面为无腰省育克，下面为工字褶裙身，侧缝装隐形拉链。腰臀部合体，整体呈 A 字造型。此款式风格活泼，造型独特，适合年轻女性穿着（图2-2-4）。

2.面料

根据裙子造型，适合选用有一定厚度和挺括度的面料，可选用棉、麻及化纤面料，如卡其布、棉平布、棉缎等。

3.规格设计

育克裙臀围一般在净臀围基础上加放2~5cm，腰围在净腰围基础上加放0~2cm。因此对于 160/68A 的人来说，成品裙子尺寸可做见表2-2-2设定。

（二）结构制图要点

结构制图如图2-2-5所示。

①画好基础 A 字裙的结构图，在 A 字裙的基础上进行变化纸样。

②设计好育克分割线以及工字褶所在的位置。

③育克上段合并腰省调顺腰口弧线，合并腰省时注意补齐两段省道的长度差。

④纸样展开工字褶，调顺下摆弧线，展开时注意比对加入工字褶之后的边线长，将加入工字褶量的纸样合并后才能修顺上口线，否则会出现褶裥与外部边缘线不齐，跟育克线拼合时会漏掉褶裥量。

（三）样版制作

样版制作如图2-2-6所示。

表 2-2-2 育克裙规格表 　　　　（单位：cm）

号 型	部位名称	裙长（L）	腰围（W）	臀围（H）	臀长
160/68A	净体尺寸	/	68	90	18
	成品尺寸	50	68	92	18

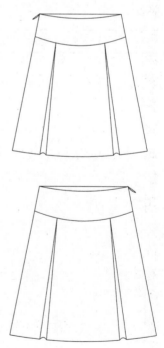

图2-2-4　育克裙效果图

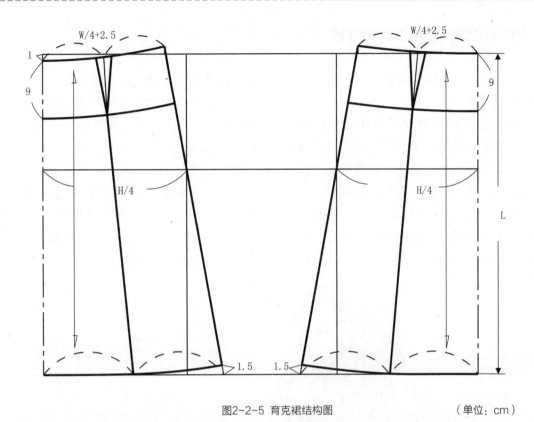

图2-2-5 育克裙结构图　　　　　　　（单位：cm）

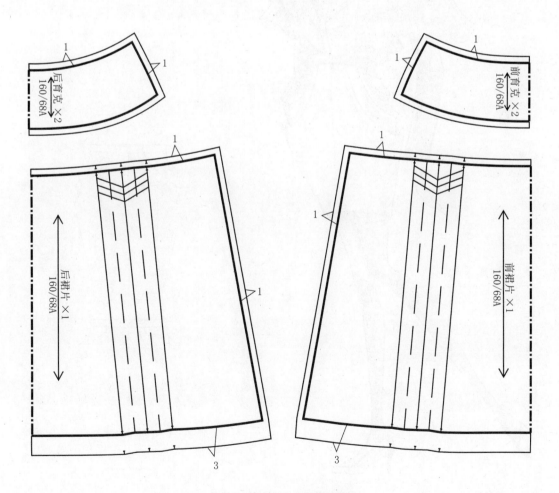

图2-2-6 育克裙样版图　　　　　　　（单位：cm）

三、立体褶袋鼠裙结构设计与纸样

（一）款式、面料与规格

1. 款式特点

袋鼠裙是立体褶裙中最具代表性的短裙。为了追求独特的效果，设计师们常常会设计一些特殊造型的裙子，这类裙子在结构纸样设计时，要认真分析其结构特征，利用基础裙进行第二次结构设计，以此得到所需的结构图。此款属于特殊造型裙，前后左右各有两个立体褶，装腰，后中装拉链（图2-2-7）。

2. 面料

根据裙子造型，适合选用有一定厚度和悬垂性的面料，可选用棉、麻、精纺呢绒及化纤面料，如卡其布、棉平布，或化纤和羊毛混纺面料等。

3. 规格设计

立体褶袋鼠裙臀围一般在净臀围基础上加放2~6cm，腰围在净腰围基础上加放0~2cm。因此对于160/68A的人来说，成品裙尺寸可做见表2-2-3设定。

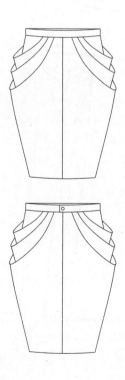

图2-2-7　立体褶袋鼠裙效果图

表2-2-3　立体褶袋鼠裙规格表　　　　　　　　（单位：cm）

号 型	部位名称	裙长（L）	腰围（W）	臀围（H）	臀长	腰宽
160/68A	净体尺寸	/	68	90	18	/
	成品尺寸	57	68	96	18	3

（二）结构制图要点

结构制图如图2-2-8所示。

①画好基础直筒裙的结构，并将锥形省改为弧形省，将省尖移至两侧。

②两侧缝合并再展开14cm（臀部量），如图2-2-9所示。

③利用纸样展开法将省道展开处理，使省量加3cm变为立体褶量，如图2-2-10所示。

④腰口前后中点为基线提高20cm，中点处左右水平各过18cm，定点为前后裙腰侧点。

⑤结构制图的重点是如何处理立体褶量，构思立体空间感，让立体褶量形成空间感。

（三）样版制作

样版制作如图2-2-11所示。

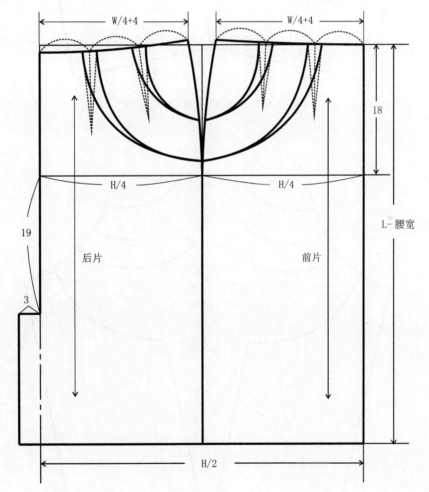

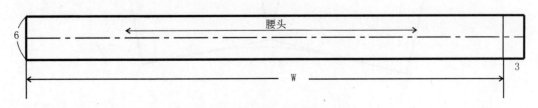

图2-2-8　立体褶袋鼠裙结构图　　　　　（单位：cm）

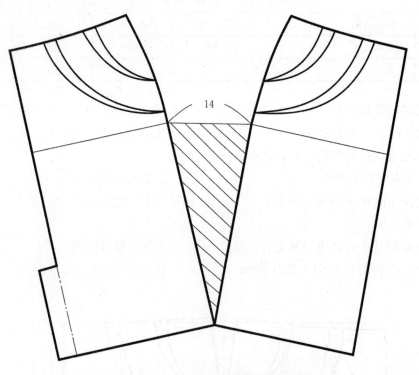

图2-2-9　立体褶袋鼠裙臀围展开结构图　　　　　　　　（单位：cm）

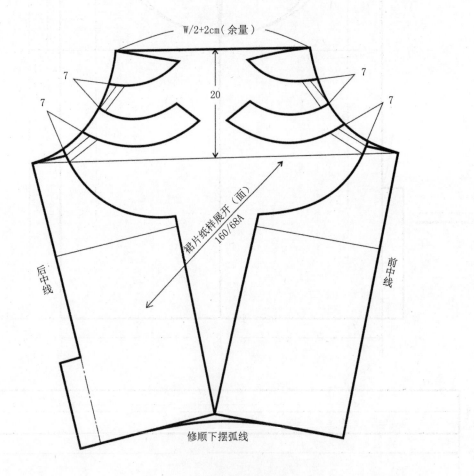

图2-2-10　立体褶袋鼠裙褶量展开结构图　　　　　　　　（单位：cm）

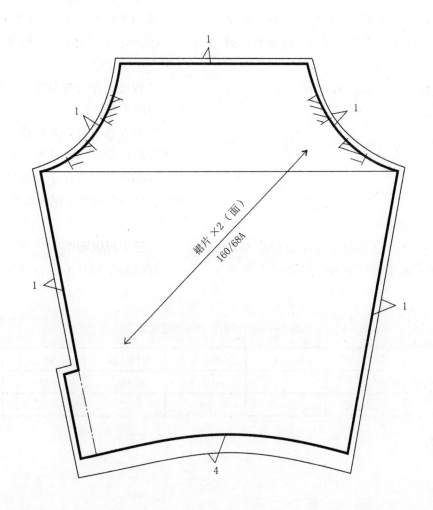

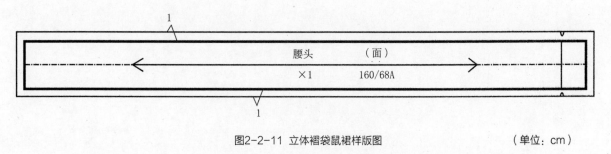

图2-2-11 立体褶袋鼠裙样版图 （单位：cm）

四、斜向分割线裙结构设计与纸样

（一）款式、面料与规格

1. 款式特点

此裙款以 A 字裙的结构作为基础，后中装有拉链，前片有多条斜线和弧线分割，前片左右两个腰省转移到育克线上，育克线上的弧形分割起到了装饰效果（图 2-2-12）。

2. 面料

根据裙子造型特点，一般选用中厚度挺括的面料，也可选用中厚的牛仔布、灯芯绒、卡其布、呢绒面料等。

3. 规格设计

斜向分割线裙臀围一般在净臀围基础上加放 2~5cm，腰围在净腰围基础上加放 0~2cm。因此对于 160/68A 的人来说，成品裙尺寸可做见表 2-2-4 的设定。

（二）结构制图要点

结构制图如图 2-2-13 所示。

①画好 A 字裙的基础框架，在 A 字裙的基础上进行变化。

②按比例设计好分割线，注意在绘制分割线时的圆顺度。

③画好腰省并合并省道，合并后修顺腰口弧线和育克线，如图 2-2-14 所示。

④制图的要点在于分割线的设置，按比例设计可以在视觉上保证裁片之间的平衡。

（三）样版制作

样版制作如图 2-2-15 所示。

表 2-2-4　斜向分割线裙规格表　　　　　（单位：cm）

号　型	部位名称	裙长（L）	腰围（W）	臀围（H）	臀长	腰宽
160/68A	净体尺寸	/	68	90	18	/
	成品尺寸	58	68	92	18	3

图2-2-12 斜向分割线裙效果图

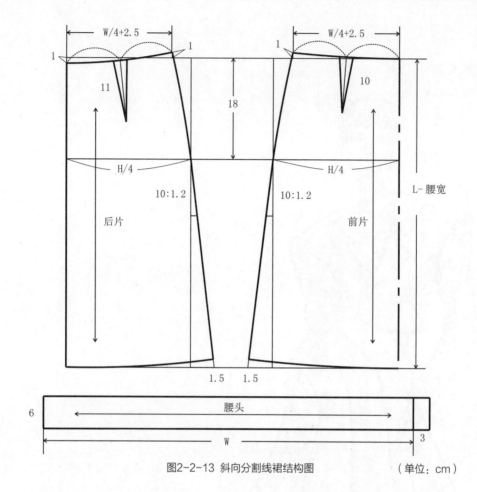

图2-2-13 斜向分割线裙结构图   （单位：cm）

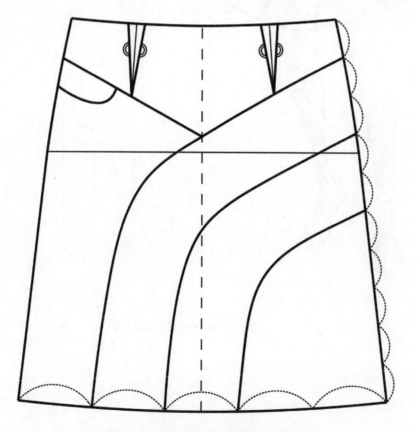

图2-2-14 斜向分割线裙前片分割线设计图

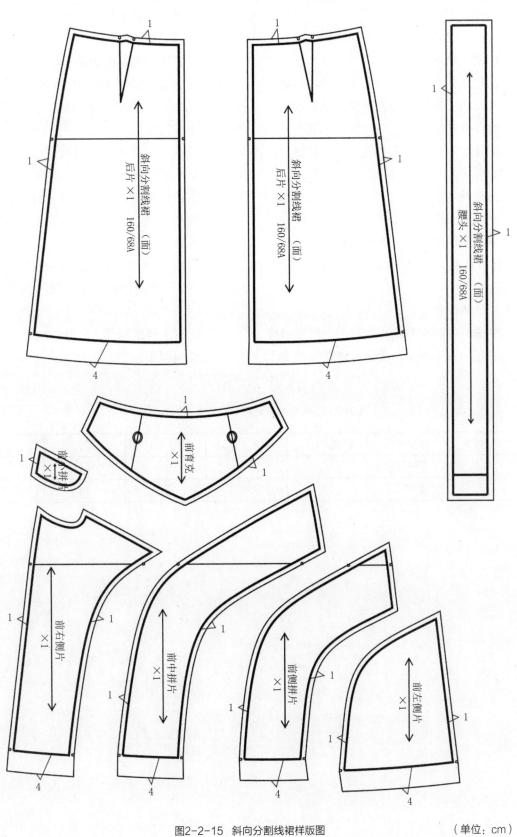

图2-2-15 斜向分割线裙样版图 （单位：cm）

五、中腰斜分割喇叭式直裙结构设计与纸样

（一）款式、面料与规格

1. 款式特点

此裙款式为中腰型，前、后裙片左侧设两条斜向弧形分割线，右侧设一个斜向省，侧缝线自臀高线向下往外倾斜，侧缝展开宽点为臀高线下10cm，右侧缝上端装拉链。此裙呈喇叭状（图2-2-16）。

2. 面料

根据裙子造型特点，一般适合选用一定厚度和挺括度的面料，可选用棉、麻、呢绒以及化纤面料，比如棉卡其、华达呢、凡立丁、麦尔登等。

3. 规格设计

中腰斜分割喇叭式直裙臀围一般在净臀围基础上加放2~5cm，腰围在净腰围基础上加放0~2cm。因此对于160/68A的人来说，成品裙子尺寸可做见表2-2-5的设定。

（二）结构制图要点

结构制图如图2-2-17所示。

①画好直筒裙的基础框架，在直筒裙的基础上进行变化。

②按比例设计好分割线，注意在绘制分割线时的圆顺度，以及交叉放摆。

③画好腰省并合并省道，合并后修顺腰口弧线和育克线，将腰省分别转到分割线和单独的省道中。

④制图要点在于分割线的设置和省道转移，交叉放摆可以让裙摆更自然、摆量更大。

（三）样版制作

样版制作如图2-2-18所示。

表2-2-5 中腰斜分割喇叭式直裙规格表 （单位：cm）

号 型	部位名称	裙长（L）	腰围（W）	臀围（H）	臀长	腰宽
160/68A	净体尺寸	/	68	90	18	/
	成品尺寸	72	70	92	18	3

图2-2-16　中腰斜分割喇叭式直裙效果图

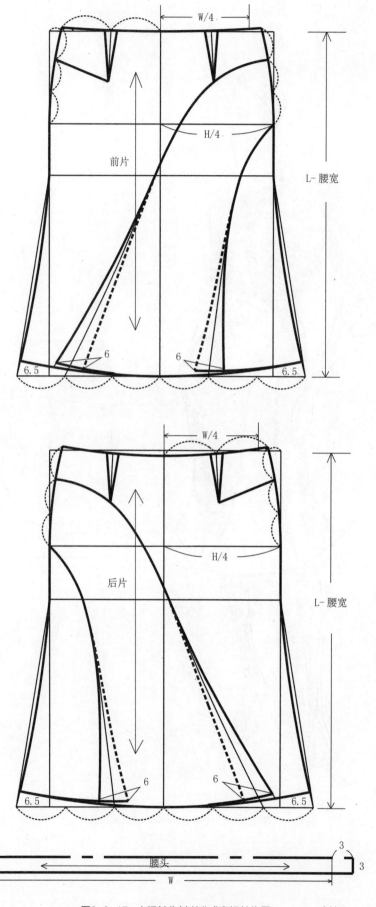

图2-2-17　中腰斜分割喇叭式直裙结构图　　　　（单位：cm）

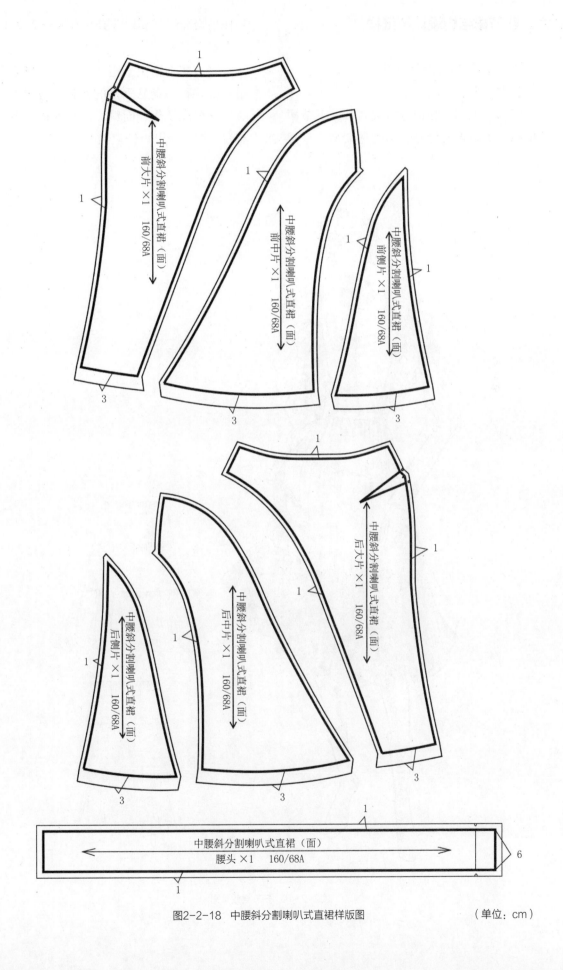

图2-2-18 中腰斜分割喇叭式直裙样版图　　　　　（单位：cm）

六、多节裙结构设计与纸样

（一）款式、面料与规格

1. 款式特点

多节裙的裙片横向分割成多节，下节裙片抽褶与上节裙片缝接，裙摆逐渐增大。裙长在小腿部位，侧缝装隐形拉链（图2-2-19）。

2. 面料

多节裙根据裙子造型特点，一般适合选用轻薄并有一定悬垂性的面料，可选用棉、麻、丝绸以及化纤面料，比如薄棉平布、印花布、雪纺、电力纺素绉缎等。

图2-2-19 多节裙效果图

3.规格设计

多节裙的整体外观呈现宽松状态，因而裙子不宜太短，其长度一般在膝盖以下，本款裙长取 73cm。多节裙中缩褶量多少影响裙子的外观效果，具体要依据面料的厚薄和款式造型而定。多节裙尺寸如表 2-2-6 的设定。

表2-2-6 多节裙规格表 （单位：cm）

号 型	部位名称	裙长（L）	腰围（W）	臀长	腰宽
160/68A	净体尺寸	/	68	18	/
	成品尺寸	73	68	18	3

（二）结构制图要点

结构制图如图 2-2-20 所示。

①多节裙中每节裙片的长度不一样，一般采用黄金分割比，从上到下逐渐加宽，体现视觉的稳定均衡感。

②根据布料不同，抽褶量为实际围度的 1/2 或 2/3。

③后中心下落 0.5cm。

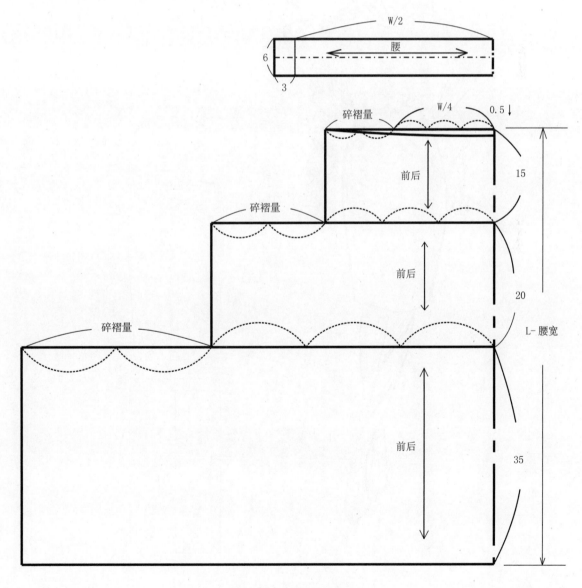

图2-2-20 多节裙结构图 （单位：cm）

七、V型连腰裙结构设计与纸样

（一）款式、面料与规格

1. 款式特点

此裙款式为连腰型，前、后裙片各设有斜向弧形分割线和一个V型省，前腰省在连腰处合并省道，后中开衩，后中上端装拉链（图2-2-21）。

2. 面料

根据裙子造型特点，一般适合选用有一定厚度和挺括度的面料，可选用棉、麻、呢绒以及化纤面料，比如棉卡其、华达呢、凡立丁、麦尔登等。

图2-2-21 V型连腰裙效果图

3. 规格设计

V 型连腰裙臀围一般在净臀围基础上加放 2~5cm，腰围在净腰围基础上加放 0~2cm。因此对于 160/68A 的人来说，成品裙子尺寸可做见表 2-2-7 的设定。

表 2-2-7 V 型连腰裙规格表 （单位：cm）

号 型	部位名称	裙长（L）	腰围（W）	臀围（H）	臀长	腰宽
160/68A	净体尺寸	/	68	90	18	/
	成品尺寸	70	68	94	18	6

（二）结构制图要点

结构制图如图 2-2-22 所示。

①画好直筒裙的基础框架，在直筒裙的基础上进行变化，后裙片为正腰，前裙片为低腰。

②按比例设计好后腰分割线，注意在绘制分割线时的圆顺度。

③前中下落 7cm 变为前低腰，并画好腰宽分割线。

④设计两侧三角片，注意省位的合并。

⑤设计前下弧线分割位置，后中裙片需要开衩。

⑥前后腰头合并腰省，前腰在前片上自带，裁好腰贴才能进行工艺制作。

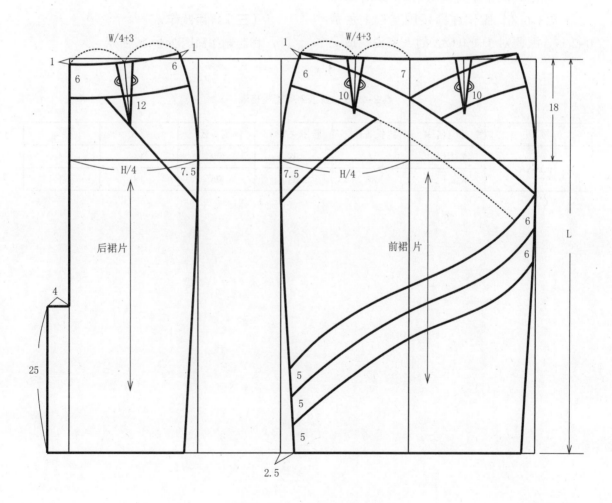

图2-2-22 V型连腰裙结构图 （单位：cm）

八、波浪鱼尾裙结构设计与纸样

（一）款式、面料与规格

1. 款式特点

此款波浪鱼尾裙前后各一片，有腰设计，略低腰，长至膝部以下。腰部、臀部及大腿中部呈合体造型，往下逐步放开在侧缝下摆展成鱼尾状。波浪鱼尾裙凸显女性的优雅线条，恰到好处的裁剪可显示女性的修长体型，使腰与撑起的胯部形成对比（图2-2-23）。

2. 面料

根据波浪鱼尾裙的造型，一般适合选用悬垂性良好的面料，可选择用丝绸、精仿呢绒及垂感好的化纤面料，比如真丝四维呢、华达呢面料等。

3. 规格设计

波浪鱼尾裙臀围一般在净臀围基础上加放3~6cm，腰围在净腰围基础上加放0~2cm。因此对于160/68A的人来说，成品裙子尺寸可做见表2-2-8的设定。

（二）结构制图要点

结构制图如图2-2-24所示。

①波浪鱼尾裙变化实际与裙子廓型变化时的原理一样，结构线的弯曲程度要增大，不单纯是将下摆围度增大的问题，还可以将波浪部位组合形成一块裁片，再作展开波浪设计。

②波浪鱼尾裙纸样设计是在裙子下摆侧缝处将一块方型的面料通过切展原理展开，使其成为波浪型的下摆，增加了穿着裙子在行走时的功能性。

③画好基础裙，确定膝线高。

④根据面料和裙摆造型，设计分割部位及展开线，如图2-2-25所示。

（三）样版制作

样版制作如图2-2-26所示。

表2-2-8　波浪鱼尾裙规格表　　　　　　　　　　　　　（单位：cm）

号型	部位名称	裙长（L）	腰围（W）	臀围（H）	臀长	腰宽
160/68A	净体尺寸	/	68	90	18	/
	成品尺寸	84	68	96	18	3

图2-2-23　波浪鱼尾裙效果图

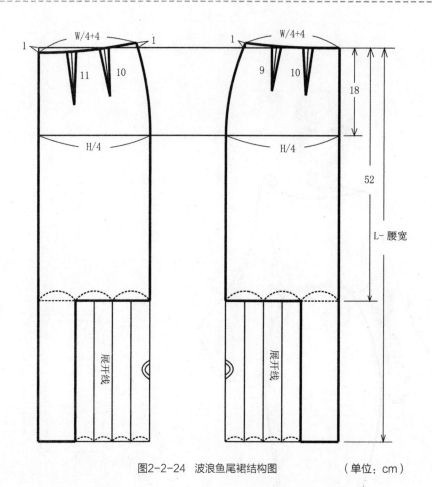

图2-2-24　波浪鱼尾裙结构图　　　　（单位：cm）

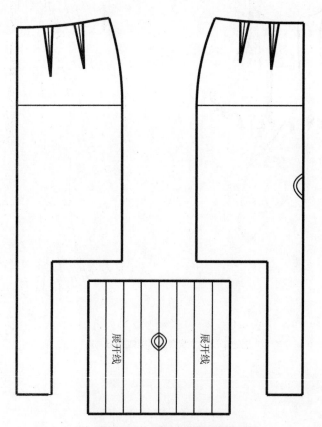

图2-2-25　波浪鱼尾裙纸样分割图

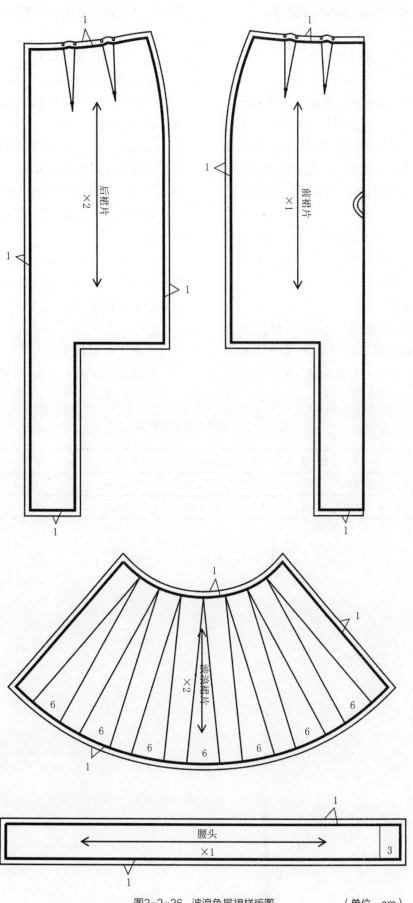

图2-2-26　波浪鱼尾裙样版图　　　　　（单位：cm）

九、插片分割裙结构设计与纸样

（一）款式、面料与规格

1. 款式特点

此款为插片分割裙，裙长在膝盖以下，横向育克分割，上面为腰省合并育克，下面为插片分割裙身，侧缝装隐形拉链。腰臀部合体，整体呈 A 字造型。此款式风格活泼，造型独特，适合年轻女性穿着（图2-2-27）。

2. 面料

根据裙子造型，适合选用有一定厚度和挺括度的面料，可选用棉、麻及化纤面料，如卡其布、棉平布、棉缎等。

3. 规格设计

插片分割裙臀围一般在净臀围基础上加放 2~5cm，腰围在净腰围基础上加放 0~2cm。因此对于 160/68A 的人来说，成品裙子尺寸可做见表2-2-9 的设定。

（二）结构制图要点

结构制图如图 2-2-28 所示。

①画好基础 A 字裙的结构图，在 A 字裙的基础上进行纸样变化。

②设计好育克分割线以及竖线分割线的位置，竖线下摆两边各放出 2cm。

③育克上段合并腰省，调顺腰口弧线，合并腰省时注意补齐两段省道的长度差，如图 2-2-29 所示。

④在裙下片分割线处选择合适的插片分割高度止点，以插片分割高度止点高度为半径画好下摆插片。

（三）样版制作

样版制作如图 2-2-30 所示。

表 2-2-9　插片分割裙规格表　　　　　　　　　（单位：cm）

号　型	部位名称	裙长（L）	腰围（W）	臀围（H）	臀长	腰宽
160/68A	净体尺寸	/	68	90	18	/
	成品尺寸	65	68	94	18	3

图2-2-27 插片分割裙效果图

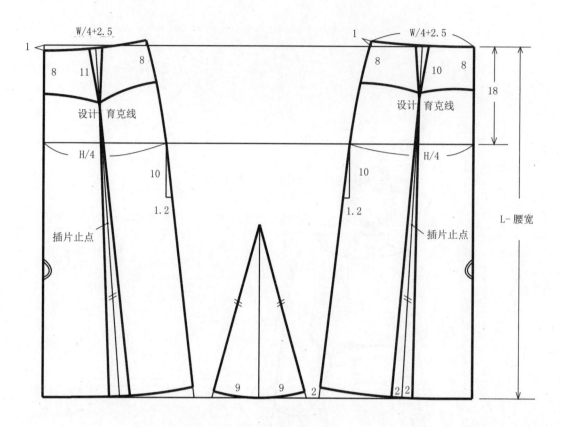

图2-2-28 插片分割裙结构图   （单位：cm）

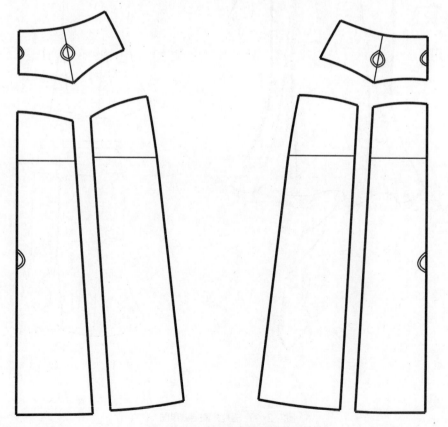

图2-2-29 插片分割裙纸样合并图

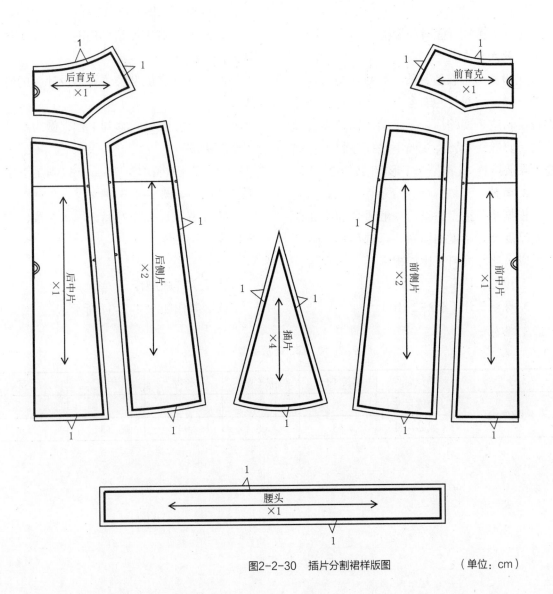

图2-2-30　插片分割裙样版图　　　　　　　（单位：cm）

十、脚口缩褶裙结构设计与纸样

（一）款式、面料与规格

1. 款式特点

此裙款为中腰型，前、后裙片左右各有两个贴袋，前裙片左右各有一个腰省，合并腰省后转成下摆缩褶量，下摆用绳带穿缩成碎褶，侧缝线自臀高线向下往外倾斜，右侧缝上端装拉链。此裙呈A字形状（图2-2-31）。

2. 面料

根据裙子造型特点，一般适合选用具有一定厚度和挺括度的面料，可选用棉、麻、呢绒以及化纤面料，比如棉卡其、华达呢、凡立丁、麦尔登等。

3. 规格设计（表2-2-10）

（二）结构制图要点

结构制图如图2-2-32所示。

①画好基础A型裙结构图，在A型裙基础上进行纸样变化。

②设计好袋造型及位置，设计新的转省线。

③将前腰省量转移到下摆，做为裙子的下摆缩褶量。

④侧摆缝再次增加5cm，以满足下摆缩褶抽绳量，如图2-2-33所示。

⑤分解裁片并作好标记、布纹线，在上面标注裁片名称。

（三）样版制作

样版制作如图2-2-34所示。

表2-2-10 脚口缩褶裙规格表 （单位：cm）

号型	部位名称	裙长（L）	腰围（W）	臀围	臀长	腰宽
160/68A	净体尺寸	/	68	90	18	/
	成品尺寸	63	68	94	18	3

图2-2-31 脚口缩褶裙效果图

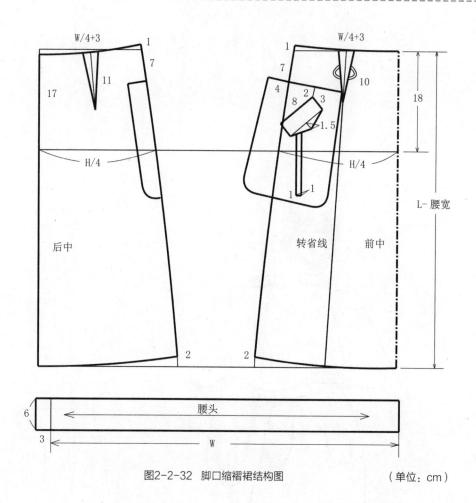

图2-2-32 脚口缩褶裙结构图　　　　　（单位：cm）

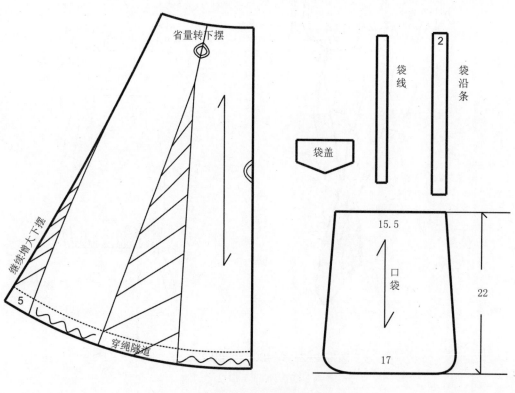

图2-2-33 脚口缩褶裙纸样展开图　　　　　（单位：cm）

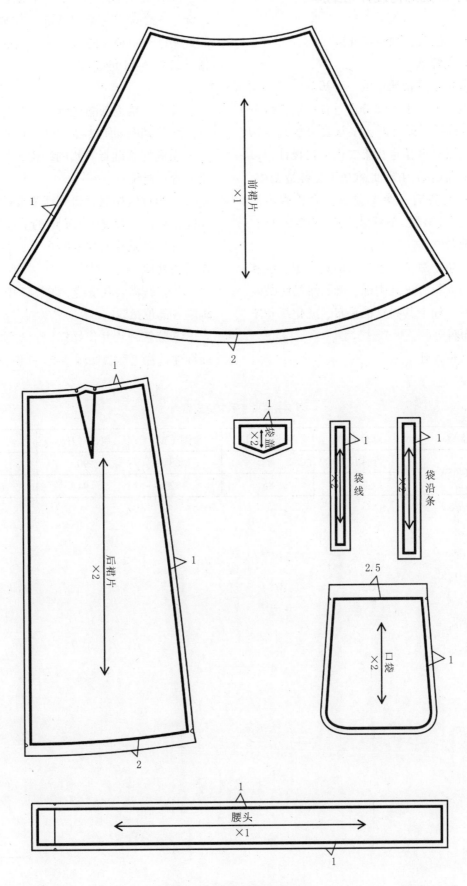

前裙片
×1

1

2

1

后裙片
×2

1

2

1
袋盖
×2

1
袋线
×2

1
袋沿条
×2

2.5

口袋
×2

1

1
腰头
×1

1

图2-2-34　脚口缩褶裙样版图　　　　　　　　（单位：cm）

十一、手巾裙结构设计与纸样

（一）款式、面料与规格

1. 款式特点

手巾裙是波浪裙中的一种裙款。这类裙下摆呈波浪形，上半部分进行育克造型线分割，在结构纸样设计时，要认真分析其结构特征，利用基础裙进行第二次结构设计，以此得到所需的结构图。此款属于特殊造型裙，前后片左右各有一个V型省，合并省道后转入育克线，装腰，侧缝装拉链(图2-2-35)。

2. 面料

根据裙子造型，适合选用有一定厚度和悬垂性的面料，可选用棉、麻、精纺呢绒及化纤面料，如卡其布、棉平布、或化纤和羊毛混纺面料等。

3. 规格设计

手巾裙臀围一般在净臀围基础上加放2~5cm，腰围在净腰围基础上加放0~2cm。因此对于160/68A的人来说，成品裙尺寸可做见表2-2-11的设定。

（二）结构制图要点

结构制图如图2-2-36所示。

①画好基础直筒裙的结构，并处理好低腰和育克线位置。

②通过纸样展开得到所需要的波浪量，才能在结构上形成两侧下坠的手巾边效果。

③分解裁片时要取腰内贴，否则工艺制作无法处理。

④拉链需装在侧缝，调节好展开量之后，画顺各部位弧线。

⑤分解裁片并作好标记、布纹线，在上面标注裁片名称，如图2-2-37所示。

表2-2-11 手巾裙规格表   （单位：cm）

号 型	部位名称	裙长（L）	腰围（W）	臀围（H）	臀长
160/68A	净体尺寸	/	68	90	18
	成品尺寸	85	72	94	16

图2-2-35 手巾裙效果图

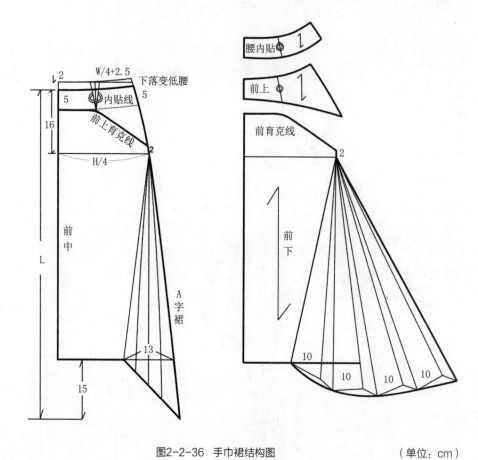

图2-2-36　手巾裙结构图　　　　　　　　　　　　　（单位：cm）

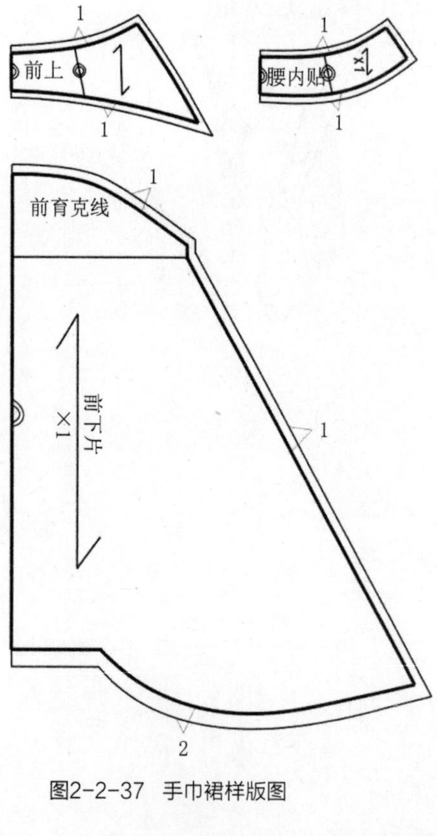

图2-2-37　手巾裙样版图　　　　　　　　　　　　　（单位：cm）

十二、斜线分割裙结构设计与纸样

（一）款式与规格

1. 款式特点

斜线分割裙在生活中有很多种样式，以螺旋状分割裙最为典型，下摆飘逸和垂感极强，凸显女人的妩媚和婀娜多姿，是女性十分喜欢的款式之一（图2-2-38）。

2. 规格设计（表2-2-12）

（二）结构制图要点

结构制图如图2-2-39所示。

①从款式外观看，属于装直腰的斜裙，并在前后作斜向分割，因此，可直接利用斜裙的基础结构图进行第二次纸样设计。

②整条裙子是由六片相同且倾斜的裙片所构成，不区分前后片。

③画好斜裙前片结构，腰、臀、摆作三等分，并画好斜向分割线。对其中完整的裙片下摆作展开处理，以增大下摆围度，从而形成蓬松的荷叶喇叭状，如图2-2-40所示。

④裙片缝合时，后中接缝上要装一条斜向的拉链，便于穿脱。

⑤由于裙片是斜向的，加之下摆展开处理，因此，拼缝好裙片以后将裙子吊挂，对下摆进行修剪平顺处理，使下摆与地面平行。

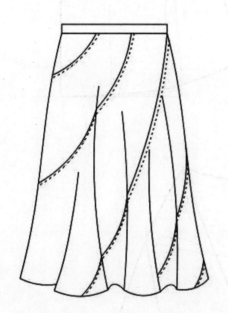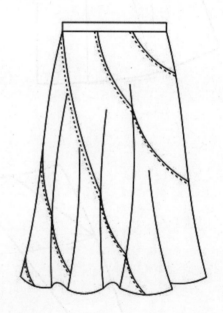

图2-2-38　斜线分割裙款式图

表 2-2-12　斜线分割裙规格表　　　　　　（单位：cm）

号 型	部位名称	裙长（L）	腰围（W）	臀围（H）	腰宽
160/68A	净体尺寸	/	68	90	/
	成品尺寸	70	68	94	3

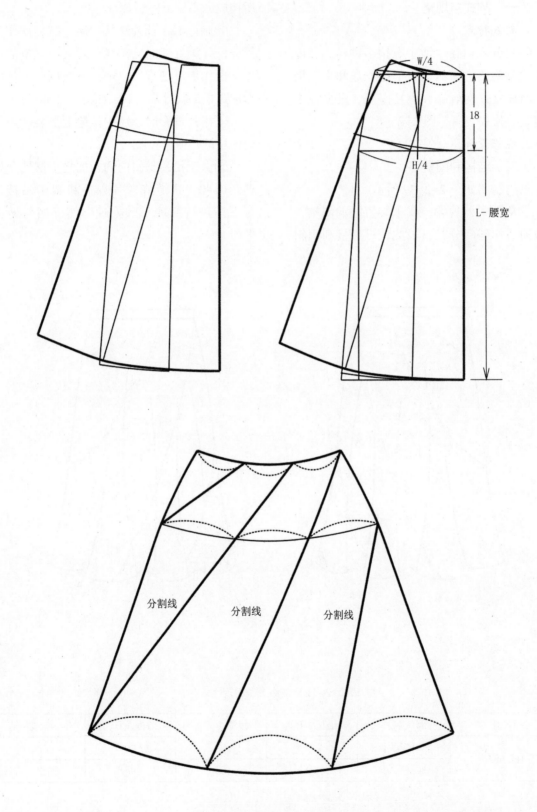

图 2-2-39 斜线分割裙结构图　　　　　　　（单位：cm）

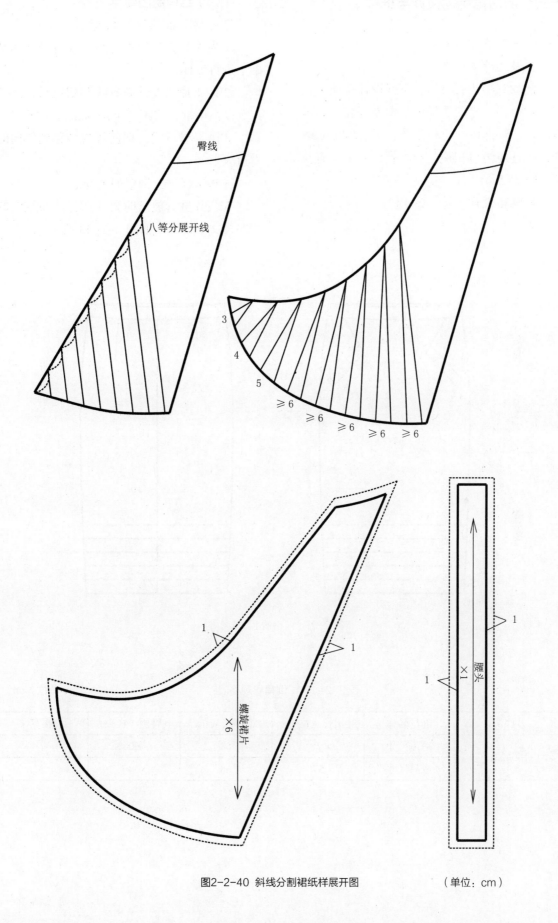

臀线

八等分展开线

3
4
5
≥6
≥6
≥6
≥6
≥6

1
1
1

螺旋裙片
×6

腰头
×1

1
1
1

图2-2-40 斜线分割裙纸样展开图　　　　　（单位：cm）

十三、倒褶裙结构设计与纸样

（一）款式与规格

1. 款式特点

此款廓型为直身裙，下段设计有横向倒褶，褶距相等，褶数量可根据爱好和款式风格而定，臀部以上比较合体，腰省发生了改变，而且与袋口相连，装直腰，后中装有拉链（图2-2-41）。

2. 规格设计（表2-2-13）

（二）结构制图要点

结构制图如图2-2-42所示。

①先作好直身裙的廓型，在直身裙的基础上进行纸样设计。

②在裙片上设计新省线和褶位线，总共三个横向倒褶，褶距每个是3cm。

③画好袋口线，把前腰省转移到斜向的省道线上。

④将纸样进行倒褶的展开。

⑤裁片进行放缝时要注意标注布纹线的方向及文字说明，如图2-2-43所示。

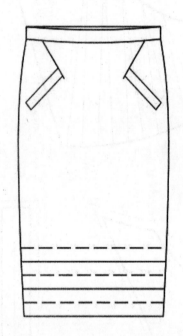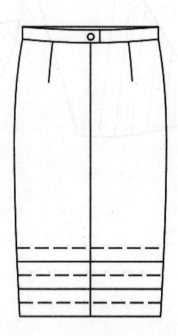

图2-2-41 倒褶裙款式图

表2-2-13 倒褶裙规格表 （单位：cm）

号 型	部位名称	裙长（L）	腰围（W）	臀围（H）	腰宽
160/68A	净体尺寸	/	68	90	/
	成品尺寸	57	68	94	3

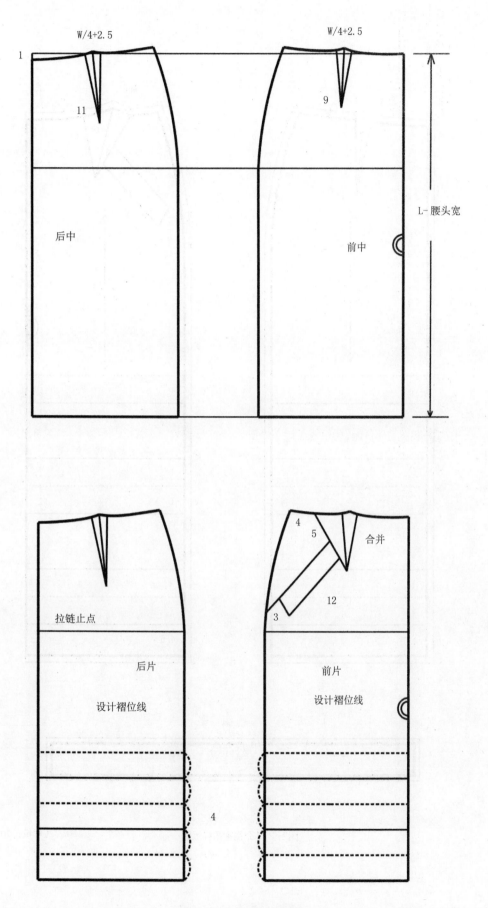

图2-2-42 倒褶裙结构图　　　　　　（单位：cm）

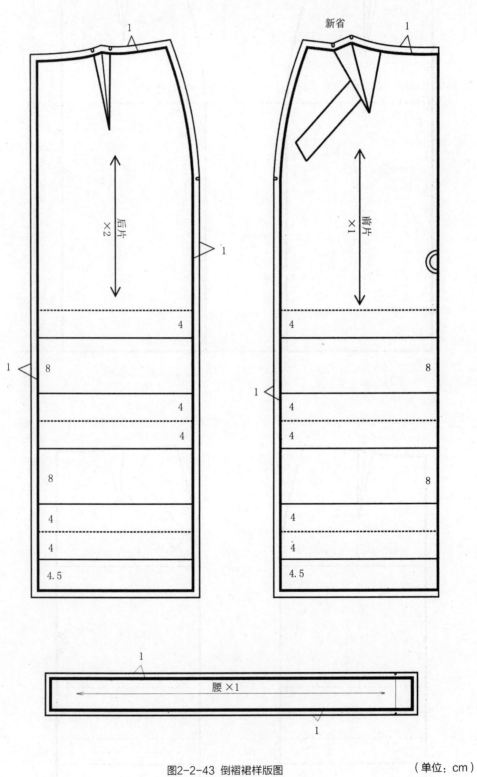

图2-2-43 倒褶裙样版图   （单位：cm）

十四、缩褶裙结构设计与纸样

（一）款式与规格

1. 款式特点

该裙面上看不见腰省，实际腰省量已经转移到前中缝变为缩褶量，从而隐蔽了腰省。如转移后缩褶量不够，可再次展开以增加缩褶量（图2-2-44）。

2. 规格设计（表2-2-14）

（二）结构制图要点

结构制图如图 2-2-45 所示。

①先画好直筒裙的框架，作好裙子廓型和省道。

②设计好裙片碎褶处的省道线。

③合并省道，把省道量转到缩褶处，把省道量转移成缩褶量。

④设计展开量，在转完省道的线上再进行展开，增加展开量来作为前中的缩褶量，如图 2-2-46 所示。

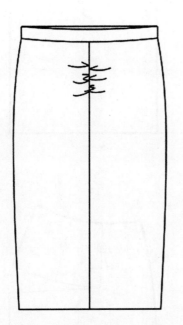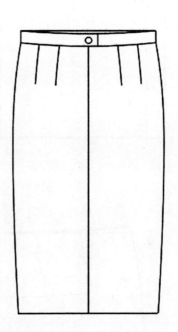

图2-2-44 缩褶裙款式图

表 2-2-14 缩褶裙规格表 （单位：cm）

号 型	部位名称	裙长（L）	腰围（W）	臀围（H）	腰宽
160/68A	净体尺寸	/	68	90	/
	成品尺寸	57	68	94	3

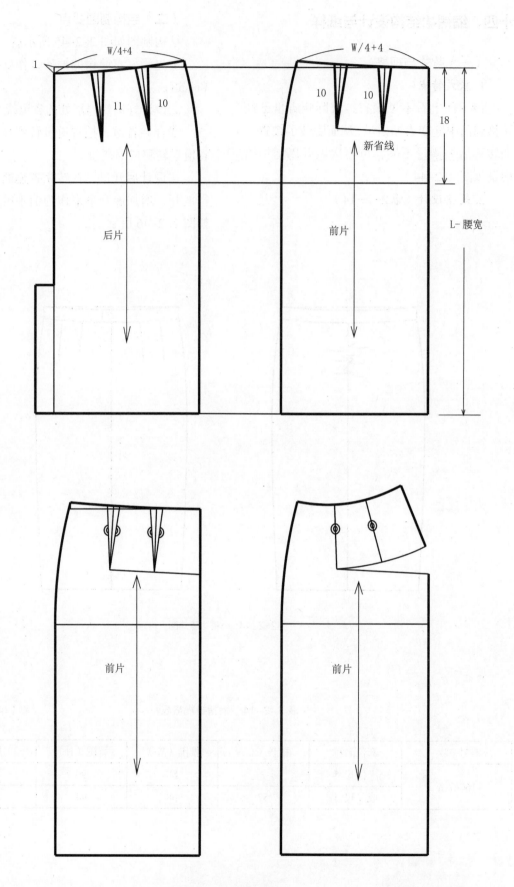

图 2-2-45 缩褶裙结构图   （单位：cm）

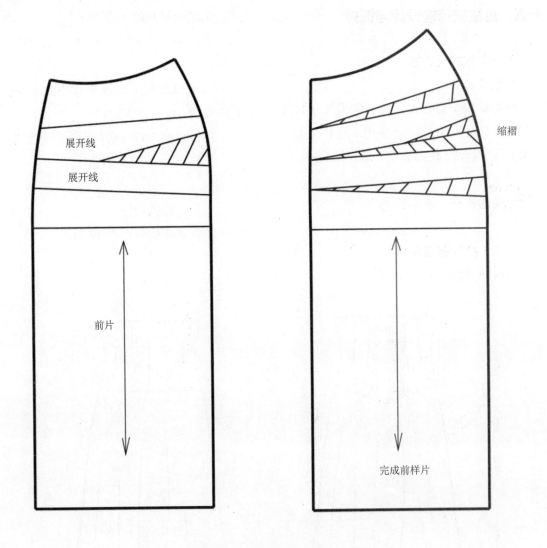

图 2-2-46 缩褶裙纸样展开图

十五、高腰裙结构设计与纸样

（一）款式与规格

1. 款式特点

该裙款属于高腰 A 字裙，上半部分的高腰和下半部分的裙子可以分开，前上双排搭位和上下分割线，款式造型显得合体修身（图2-2-47）。

2. 规格设计（表2-2-15）

（二）结构制图要点

结构制图如图 2-2-48 所示。

①先画好基础 A 字裙结构。

②在裙片上移高腰口线 9cm，变为高腰结构。

③腰口省宽上段逐步减小到 1.8cm，腰侧向外倾 0.6cm 增大腰口。

④设计前上双排搭位和上下分割线。

⑤裙下摆展开增大摆围。

（三）样版制作

样版制作如图 2-2-49 所示。

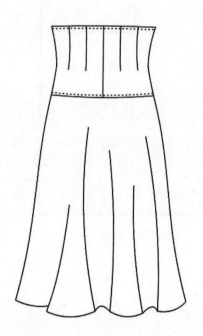

图2-2-47　高腰裙款式图

表 2-2-15　高腰裙规格表　　　　　　　　　　　　　（单位：cm）

号 型	部位名称	裙长（L）	腰围（W）	臀围（H）	腰宽
160/68A	净体尺寸	/	68	90	/
	成品尺寸	70	68	96	9

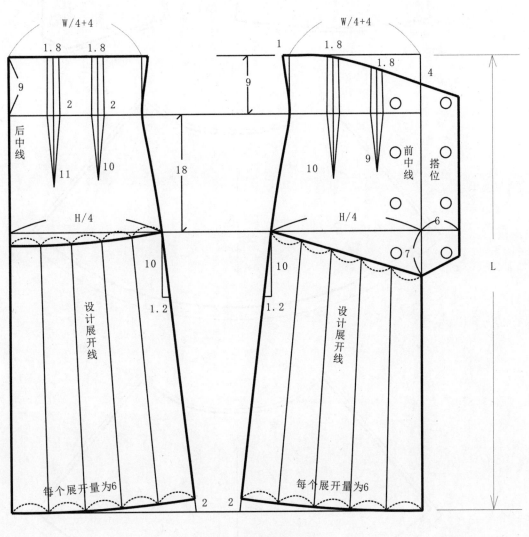

图2-2-48 高腰裙结构图　　　　　　　　（单位：cm）

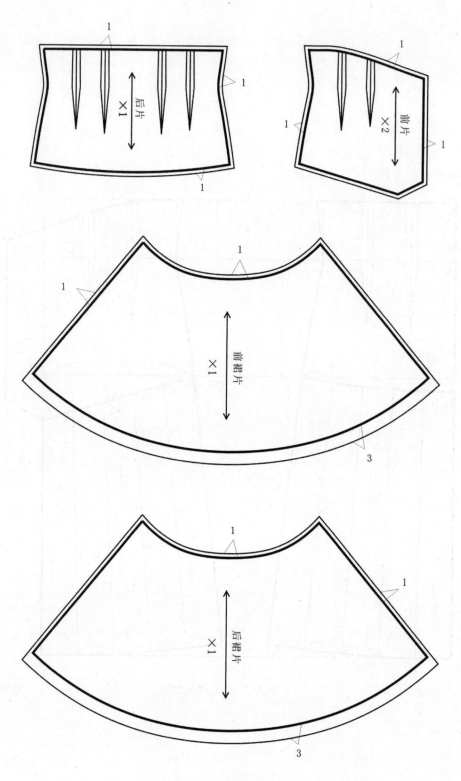

图2-2-49 高腰裙样版图   （单位：cm）

十六、育克对裥裙结构设计与纸样

（一）款式与规格

1. 款式特点

该款属于横向育克分割与竖向规律褶进行组合的裙子，褶裥可以是倒裥，也可以是工字裥，款式青春活泼，行动方便（图2-2-50）。

2. 规格设计（表2-2-16）

（二）结构制图要点

结构制图如图2-2-51所示。

①外观廓型看似 A 型，但实属直裙基础，直摆工字褶撑开后自然形成 A 字廓型。

②臀以上有育克分割线，且下段有对裥，后中不宜装拉链，只能装在左侧。

③褶裥可根据喜好而定，裥量要大点，本例取 12cm 左右。

④用育克分割线，因此要合并腰省，育克线位置要恰好设计在臀凸点附近。

⑤育克线设计在省尖点附近，利于合并腰省。

⑥款式前后共有 8 个均匀分配的工字褶，按比例设计工字褶展开线，如图2-2-52所示。

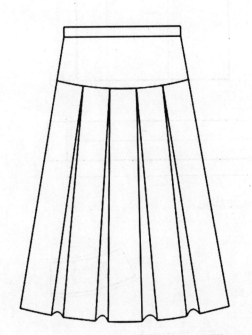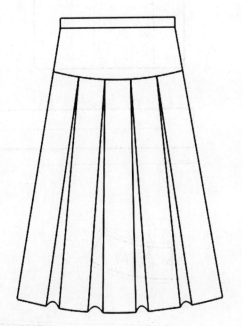

图2-2-50 育克对裥裙款式图

表 2-2-16　育克对裥裙规格表　　　　　　　　　　（单位：cm）

号 型	部位名称	裙长（L）	腰围（W）	臀围（H）	腰宽
160/68A	净体尺寸	/	68	90	/
	成品尺寸	70	68	96	3

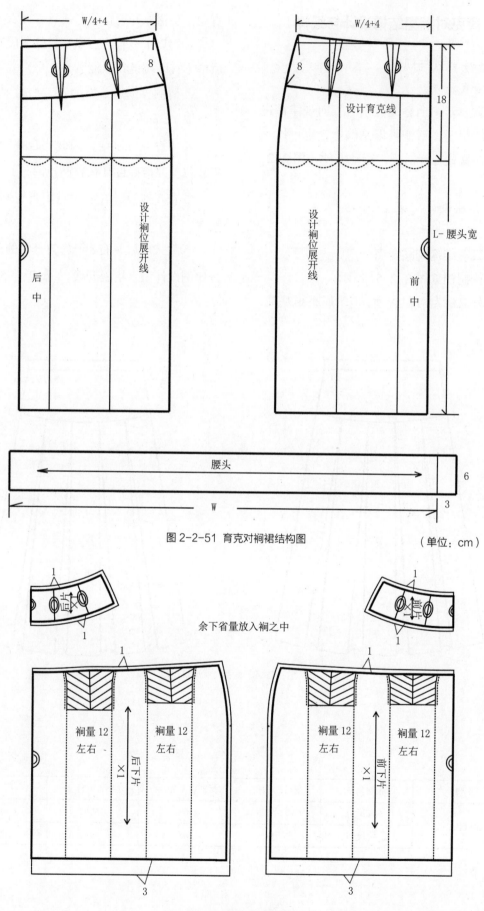

图 2-2-51 育克对裥裙结构图   （单位：cm）

图2-2-52 育克对裥裙样版图   （单位：cm）

第三章　女裙缝制工艺

第一节
分割A字裙工艺

一、概述

1.外形特征

整体为A字造型，装腰头，裙前片育克分割，育克线以下设有装饰袋盖和弧形分割线，造型活泼有型；后片左右各收一个腰省，中间开缝，上端装隐形拉链，腰头钉扣（图3-1-1、图3-1-2）。

图3-1-1 分割A字裙正面图

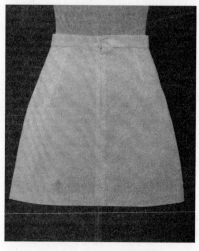

图3-1-2 分割A字裙背面图

2.适用面料

中厚型棉布、涤毛混纺织物、薄呢等均适合制作A字裙。

二、规格与面辅料用量

1.参考规格（表3-1-1）

表3-1-1　A字裙规格表　（单位：cm）

号 型	裙 长	腰 围	臀 围
160/68A	42	70	94

2.面辅料参考用量

①面料：门幅140cm，用量约62cm，估算公式：裙长+20cm。

②辅料：黏合衬适量，配色缝纫线1个，隐形拉链1根，扁钮扣1粒。

三、样版名称与裁片数量

样版名称与裁片数量见表3-1-2。

表3-1-2　样板名称与裁片数量

序号	样版种类	名称	裁片数量	备注
1	面料样版	前裙片	5	前片不对称分割
2		后裙片	2	左右各一片
3		袋盖	2	面里各一片
4		腰头	1	

四、排料

图 3-1-3 是以 140cm 幅宽的面料进行排料，因为该款前片为不对称结构，所以排料时只对折后片面料。其他幅宽 120cm 或 144cm 的面料排料可参考图 3-1-3。

裁剪后在中位、省道、袋盖位置做出剪口，方便缝制时对位。

五、裁片黏衬

需要黏衬的裁片有腰头、前育克、袋盖，要求黏衬平整牢固（图 3-1-4）。

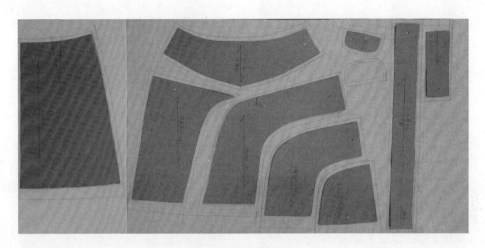

图3-1-3 排料参考图

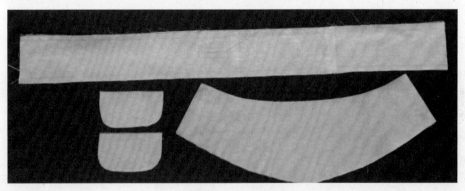

图3-1-4 黏衬参考图

六、缝制工艺流程

做前片 → 做后片 → 装隐形拉链 → 合侧缝 → 装腰头 → 做底边 → 整烫。

七、缝制工艺重点、难点

1. 做前片
2. 装腰头
3. 装隐形拉链

八、缝制工艺步骤图解

1. 做前片

①拼合分割片：将分割片按照款式顺序正面相对，缉缝 1cm 缝份，要求弧形拼合不起皱，自然平服（图 3-1-5、图 3-1-6）。

②做袋盖：将黏好衬的袋盖沿着画线位缉缝，缝好后修剪缝份至 0.5cm，再翻至正面烫平（图 3-1-7、图 3-1-8）。

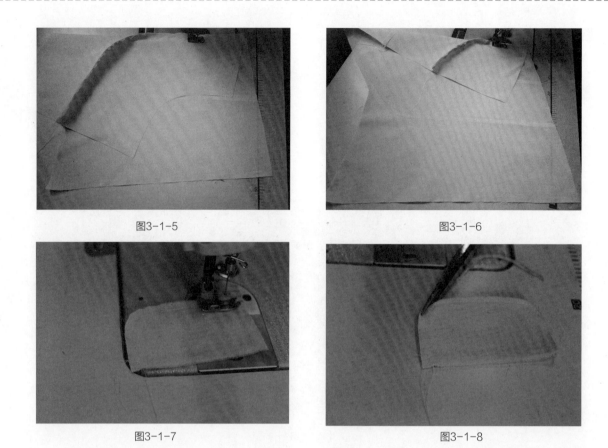

图3-1-5

图3-1-6

图3-1-7

图3-1-8

③拼合育克：先将做好的袋盖按照款式
要求缉线固定，然后把育克和裙身正面相对，

缉缝1cm缝份，要求拼合平服，中位对齐（图
3-1-9~图3-1-11）。

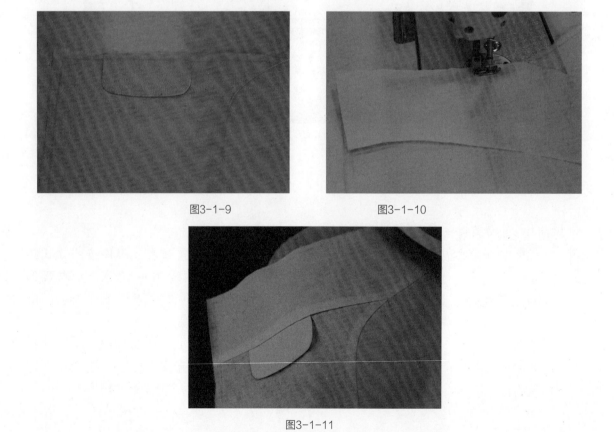

图3-1-9

图3-1-10

图3-1-11

2. 做后片

①做省道：由省根缉至省尖，省尖处留线头4cm，打结后剪短，省要缉直、缉尖（图3-1-12）。

②烫省：烫省时省缝向后中方向烫倒，从腰口的省根向省尖烫，省尖部位的胖势要烫散，不可有褶皱现象（图3-1-13）。

3. 装隐形拉链

图3-1-12

图3-1-13

①缝后中缝（预留上端拉链位），并分缝烫平（图3-1-14、图3-1-15）。

②拉链的正面与裙后片的正面相对，借助单边压脚缉线，紧靠拉链齿边。

③缉线要顺直，两边宽窄一致，两端长短一致；缉缝好的隐形拉链在裙子正面不能看到拉链齿，要求平服（图3-1-16、图3-1-17）。

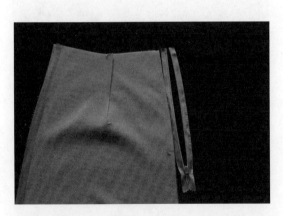

图3-1-14

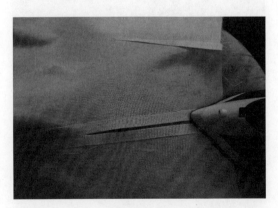

图3-1-15

图3-1-16

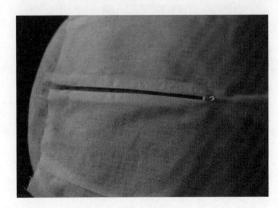

图3-1-17

4. 合侧缝

将前后片侧缝正面相对进行缝合，注意不要拉伸，并分缝烫平（图3-1-18、图3-1-19）。

5. 装腰头

①扣烫腰头：将烫好衬的腰头一侧扣烫1cm毛边，然后沿着光边按照腰头宽度再扣烫平整（图3-1-20、图3-1-21）。

②装腰头：采用沿边缝方法，将腰里面与裙子里相对，由后中缝开始缉1cm缝份，

要求缝制时不拉扯裙腰口；缝好后检查左右是否对称，拉链上端高低是否一致；然后翻至正面沿边缉0.1cm明线（图3-1-22~图3-1-24）。

6. 做底摆

根据不同的面料采用不同的方法缝制底摆。棉布类可熨烫后缉明线，其他混纺类可熨烫后暗针固定。要求底摆缝制圆顺不起涟型，熨烫平整（图3-1-25）。

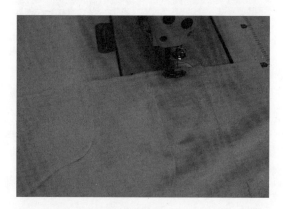

图3-1-18

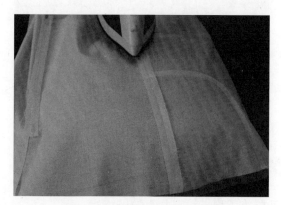

图3-1-19

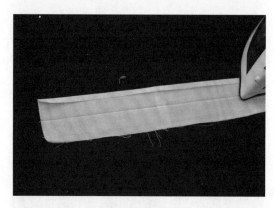

图3-1-20

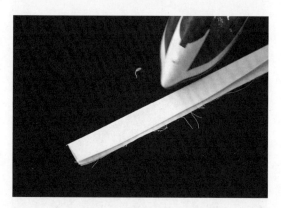

图3-1-21

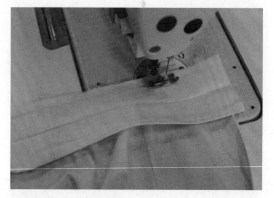

图3-1-22

图3-1-23

图3-1-24

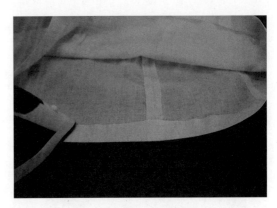

图3-1-25

7. 整烫

①烫腰头：将腰头面里熨烫平服，略归拢腰上口。

②烫裙身：将裙身省道、分割缝、侧缝熨烫平服，应借助袖凳、布馒头等烫具熨烫。

③烫底摆：在裙子反面将裙摆熨烫平服，烫时应注意侧摆造型，所有缝头轻烫以免正面出现痕迹。

九、质量要求

①整体美观，符合款式造型要求。

②腰头宽窄一致，腰口平服。

③裙身拼合自然平服，造型美观，穿着时腰臀处合体。

④拉链安装平服不起皱，拉链拉合时拉齿不外露，拉链下端绲缝牢固，上端腰口左右平齐。

⑤绲线顺直，无跳线、断线现象，缝份宽窄符合要求。

⑥各部位整烫平整有型，无烫黄烫焦等污渍。

第二节
育克双向裥裙工艺

一、概述

1. 外形特征

整体为 A 字造型，无腰，前片育克分割与双向裥结合，造型活泼，下摆打开的量较大，是功能性与艺术性完美结合的典型款式；后片中间开缝，上端装隐形拉链（图3-2-1、图 3-2-2）。

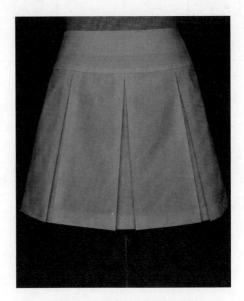

图3-2-1 育克双向裥裙正面图

图3-2-2 育克双向裥裙背面图

2. 适用面料

为使褶裥定型效果更好,宜选用各种混纺面料,根据不同季节采用不同厚度面料制作会有不同的着装效果。

二、规格与面辅料用量

1. 参考规格(表3-2-1)

表 3-2-1   制图参考规格   (单位:cm)

号型	裙长	腰围	臀围
160/68A	45	68	96

2. 面辅料参考用量

①面料:门幅140cm,用量约70cm,估算公式:裙长+25cm。

②辅料:黏合衬适量,配色缝纫线1个,隐形拉链1根。

三、样版名称与裁片数量

样版名称与裁片数量见表3-2-2。

表 3-2-2

序号	样版种类	名称	裁片数量	备注
1	面料样版	前裙片	1	前中连裁
2		后裙片	2	后中分缝
3		前育克	1	前中连裁
4		前腰贴边	1	前中连裁
5		后腰贴边	2	后中分缝

四、排料

图 3-2-3 是以 140cm 幅宽的面料进行排料,将面料宽度对折后摆放纸样,也可作为其他幅宽面料排料的参考。

裁剪后在褶裥、省道、前片中点处做出剪口,方便缝纫时制作时对位。

五、裁片黏衬

育克双向裥裙需要黏衬的裁片有前育克、前腰贴和后腰贴,要求黏衬平整牢固(图3-2-4)。

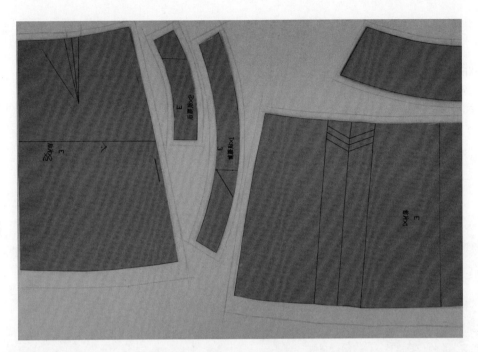

图3-2-3

图3-2-4

六、缝制工艺流程

做前片 → 做后片 → 装隐形拉链 →组合
前后片 → 装腰贴 → 做底边 → 整烫。

七、缝制工艺重点、难点

1. 做前片
2. 装隐形拉链

3. 装腰贴

八、 缝制工艺步骤图解

1. 做前片

①做褶裥：裙前片共有3个褶裥，分别按照褶裥记号熨烫成工字褶；熨烫成型后

缉线固定，以免和育克缝合时产生错位（图3-2-5、图3-2-6）。

②育克与前裙片缝合：将黏好衬的育克正面与裙片的正面相对，缉缝1cm；缝好后将缝份倒向育克，烫平后在正面缉0.6cm宽明线（图3-2-7~图3-2-9）。

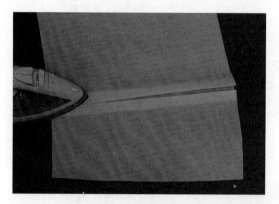

图3-2-5

图3-2-6

图3-2-7

图3-2-8

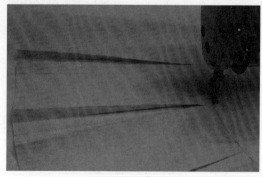

图3-2-9

2. 做后片

①做省道：由省根缉至省尖，省尖处留线头4cm，打结后剪短，省要缉直、缉尖。

烫省时省缝向后中方向烫倒，从腰口的省根向省尖烫，省尖部位的胖势要烫散，不可有褶裥现象（图3-2-10、图3-2-11）。

②缝后中缝：两后片正面相对，缝份对齐后预留上端拉链位置，以1cm缝份缉线后

分缝烫平（图3-2-12、图3-2-13）。

3. 装隐形拉链

拉链的正面与裙后片的正面相对，借助单边压脚缉线，紧靠拉链齿边。缉线要顺直，两边宽窄一致，两端长短一致；缉缝好的隐形拉链在裙子正面不能看到拉链齿，要求平服（图3-2-14、图3-2-15）。

图3-2-10

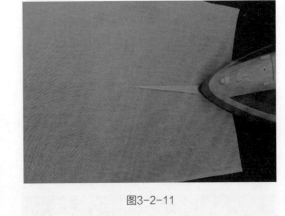

图3-2-11

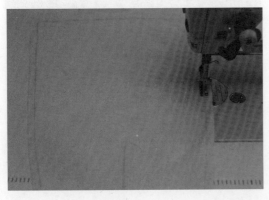

图3-2-12

图3-2-13

图3-2-14

图3-2-15

4. 组合前后片

将前后片侧缝正面相对进行缝合；注意不要拉伸，并分缝烫平（图3-2-16、图3-2-17）。

5. 装腰贴

①拼接前后腰贴边侧缝，并分缝熨烫平整（图3-2-18、图3-2-19）。

②装腰贴边：将腰贴面与裙子正面相对，由后中缝开始沿缝份线处缉腰贴边。要求腰头中点和裙子前中点相对，左右要对称；缝好后将后中拉链上端直角翻正；熨烫平整后检查两端是否一致（图3-2-20~图3-2-23）。

图3-2-16

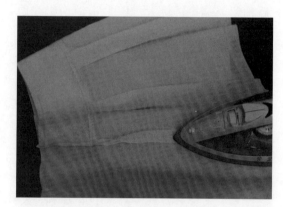

图3-2-17

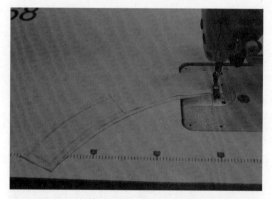

图3-2-18

图3-2-19

图3-2-20

图3-2-21

图3-2-22

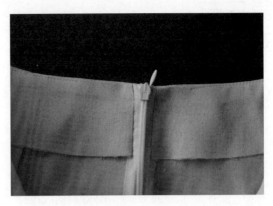

图3-2-23

6. 做底边

按照底摆折边宽度进行熨烫，褶裥处要求熨烫平整不变形，烫好后用三角针暗线固定底边（图3-2-24、图3-2-25）。

7. 整烫

①烫腰线：将腰口面里熨烫平服。

②烫裙身：将裙身前片育克、褶裥、后片省道、侧缝熨烫平服，应借助烫凳、布馒头等烫具熨烫。

③烫底摆：在裙子反面将底边熨烫平服，烫时应注意褶裥处造型，所有缝头轻烫以免正面出现痕迹。

图3-2-24

图3-2-25

九、质量要求

①整体美观，符合款式造型要求。

②育克宽窄一致无涟形，腰贴平服，腰口不松开。

③裙身左右对称，褶裥造型自然美观，穿着时腰臀处合体。

④拉链安装平服不起皱，拉链拉合时拉齿不外露，拉链下端缉缝牢固，上端腰口左右平齐。

⑤缉线顺直，无跳线、断线现象，缝份宽窄符合要求。

⑥各部位整烫平整有型，无烫黄烫焦等污渍。

第三节
双向对裥裙工艺

一、概述

1. 外形特征

整体为直身型，低腰，育克分割裙，裙身前片设有多个斜向对裥，使得髋骨部位具有膨胀感；后片中间装拉链（图3-3-1、图3-3-2）。

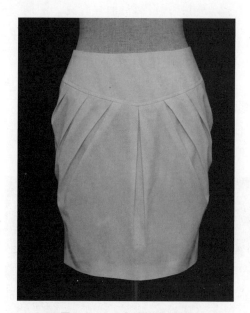

图3-3-1 双向对裥裙正面图

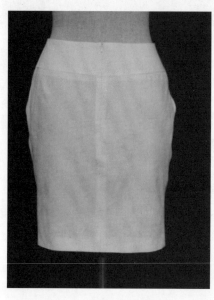

图3-3-2 双向对裥裙背面图

2. 适用面料

宜选用厚薄适中的化纤面料，可以熨烫成型的面料均可，过于生硬的面料制作效果不佳。

二、规格与面辅料用量

1. 参考规格（表3-3-1）

表 3-3-1 　　　　　（单位：cm）

号型	裙长	腰围	臀围
160/68A	50	70	94

2. 面辅料参考用量

①面料：门幅 140cm，用量约 100cm，估算公式：裙长 ×2。

②辅料：黏合衬适量，配色缝纫线 1 个，隐形拉链 1 根。

三、样版名称与裁片数量

样版名称与裁片数量见表 3-3-2。

表 3-3-2

序号	样版种类	名称	裁片数量	备注
1		前裙片	1	前中连裁
2		后裙片	2	后中分缝，左右各一片
3	面料样版	前育克	1	前中连裁
4		后育克	2	后中分缝，左右各一片
5		前腰贴边	1	此款贴边和育克相同
6		后腰贴边	2	后中分缝，左右各一片

四、排料

图 3-3-3 是以 144cm 幅宽的面料进行排料，将面料宽度对折后摆放纸样，也可作为其他幅宽面料的排料参考。

裁剪后在褶裥、前片中点处做出剪口，方便缝制时对位（图 3-3-4）。

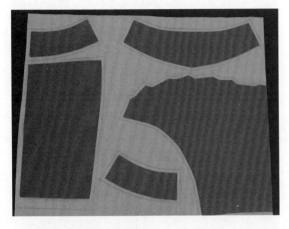

图3-3-3

图3-3-4

五、裁片黏衬

低腰对褶裙需要黏衬的裁片有育克和腰贴；裁剪时注意衬的纱向，育克采用直纱，腰贴用横纱；要求黏衬平整牢固（图 3-3-5）。

六、缝制工艺流程

做前片 → 做后片 → 装隐形拉链 →缝合前后片 → 装腰贴边 → 做底边 → 整烫。

七、缝制工艺重点、难点

1. 做前片褶裥
2. 拼合育克
3. 装隐形拉链

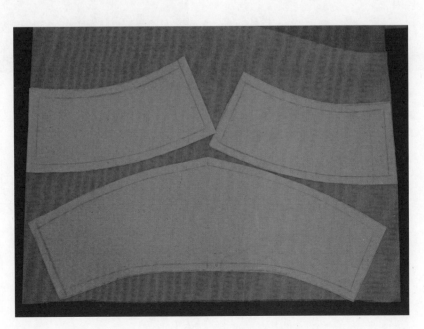

图3-3-5

八、 缝制工艺步骤图解

1. 做前片

①做褶裥：裙前片共有 7 个褶裥，其中左右各 3 个斜向褶裥，中间一个；分别按照对位记号折叠成工字褶；缉线固定成型（图 3-3-6、图 3-3-7）。

②育克与前裙片缝合：将黏好衬的育克正面与裙片的正面相对，缉缝 1cm；要求上下两层中位对齐；缝好后将缝份向育克坐倒，烫平后在正面缉 0.6cm 宽明线（图 3-3-8~图 3-3-10）。

图3-3-6

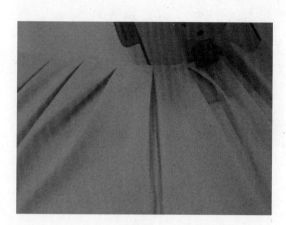

图3-3-7

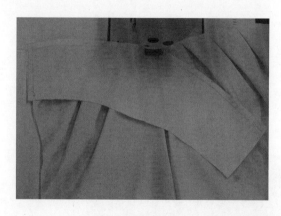

图3-3-8

图3-3-9

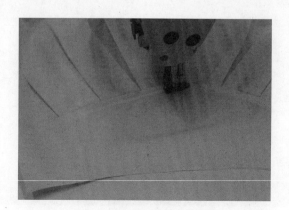

图3-3-10

2. 做后片

①育克与后裙片缝合：将黏好衬的育克正面与裙片的正面相对，缉缝 1cm；缝好后将缝份向育克坐倒，垫烫包烫平后在正面缉

0.6cm 宽明线（图 3-3-11~ 图 3-3-13）。

②缝后中缝：两后片正面相对，缝份对齐后预留上端拉链位置，以 1cm 缝份缉线后分缝烫平（图 3-3-14、图 3-3-15）。

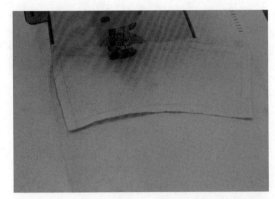

图3-3-11

图3-3-12

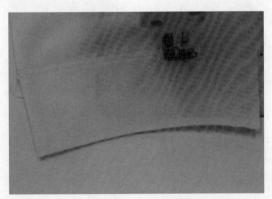

图3-3-13

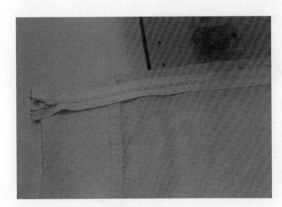

图3-3-14

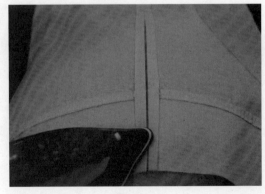

图3-3-15

3. 装隐形拉链

拉链的正面与裙后片的正面相对，借助单边压脚缉线，紧靠拉链齿边，育克处对齐；缉线要顺直，宽窄一致，两端长短

一致；缉缝好的隐形拉链在裙子正面不能看到拉链齿，要求平服（图 3-3-16、图 3-3-17）。

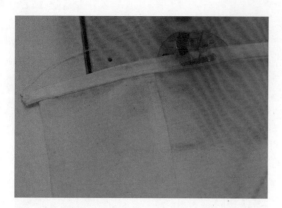

图3-3-16

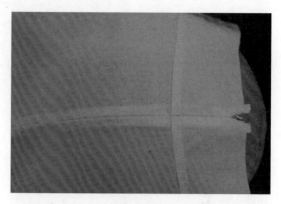

图3-3-17

4. 缝合前后片

将前后片侧缝正面相对进行缝合；注意不要拉伸，缝合后分缝烫平（图3-3-18、图3-3-19）。

5. 装腰贴边

①拼接前后腰贴边侧缝，并分缝熨烫平整（图3-3-20）。

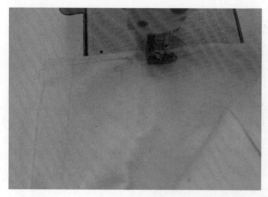

图3-3-18

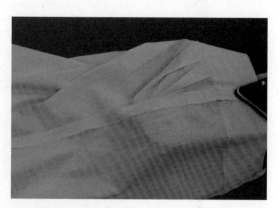

图3-3-19

图3-3-20

②装腰贴边：将腰贴正面与裙子正面相对，腰口线对齐后沿拉链边缘处缉腰贴边。要求侧缝、前中点对齐；缝好后将后中拉链上端直角翻正；熨烫平整后检查两端是否一致（图3-3-21~图3-3-24）。

6. 做底边

按照底摆折边宽度进行熨烫，褶裥处要求熨烫平整不变形，烫平后用三角针暗线固定底边（图3-3-25）。

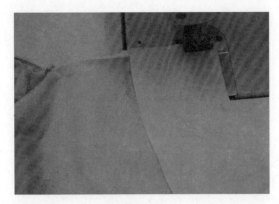

图3-3-21

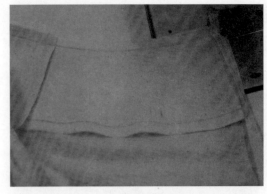

图3-3-22

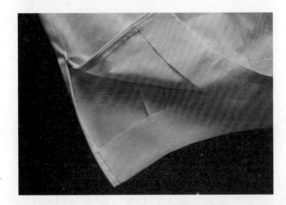

图3-3-23

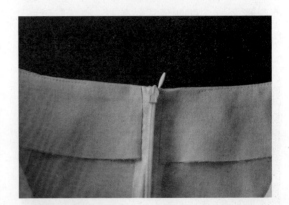

图3-3-24

图3-3-25

7.整烫

①烫腰线：将腰口面里熨烫平服。

②烫裙身：将裙身育克、褶裥、侧缝熨烫平服，应借助烫凳、布馒头等烫具熨烫。

③烫底摆：在裙子反面将底边裙边熨烫平服，烫时应注意褶裥处造型，所有缝头轻烫以免正面出现痕迹。

九、质量要求

①整体美观，符合款式造型要求。

②育克左右对称无涟形，腰贴平服，腰口不松开，穿着时腰臀处合体。

③裙身左右对称，褶裥造型自然张开，美观大方。

④拉链安装平服不起皱，拉链拉合时拉齿不外露，拉链下端缉缝牢固，上端腰口左右平齐。

⑤缉线顺直，无跳线、断线现象，缝份宽窄符合要求。

⑥各部位整烫平整有型，无烫黄烫焦等污渍。

第四节
侧摆波浪裙工艺

一、概述

1. 外形特征

整体为 A 字造型，装腰头，裙身前后侧面弧形分割，两侧形成波浪褶，造型活泼；后片中间上端装隐形拉链，腰头钉扣（图3-4-1、图3-4-2）。

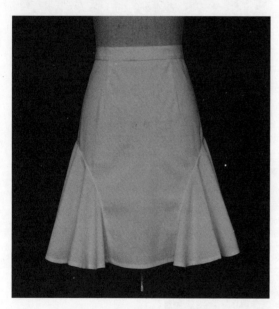

图3-4-1　侧摆波浪裙正面图

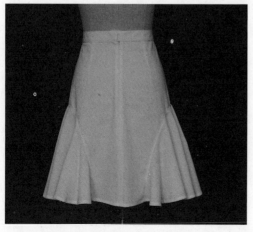

图3-4-2　侧摆波浪裙背面图

2. 适用面料

为使侧面的波浪裙更具有动感飘逸的感觉，宜选用各种薄型或中厚型面料，如各色雪纺均可。

二、规格与面辅料用量

1. 参考规格（表3-4-1）

表3-4-1　　　　　（单位：cm）

号型	裙长	腰围	臀围
160/68A	55	68	96

2. 面辅料参考用量

①面料：门幅 140cm，用量约 110cm，估算公式：裙长 ×2。

②辅料：黏合衬适量，配色缝纫线 1 个，隐形拉链 1 根，扁钮扣 1 粒。

三、样版名称与裁片数量

样版名称与裁片数量见表3-4-2。

表3-4-2

序号	样版种类	名称	裁片数量	备注
1	面料样版	前裙片	1	前中连裁
2		后裙片	2	后中分缝，左右各一片
3		侧裙摆	2	前后侧缝连裁
4		腰头	1	

四、排料

图 3-4-3 是以 144cm 幅宽的面料进行排料，将面料宽度对折后摆放纸样，其他幅宽的面料排料可以此做参考（图 3-4-3）。

裁剪后在省道处做出剪口，方便缝制时对位（图 3-4-4）。

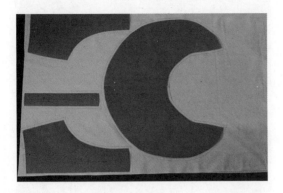

图3-4-3

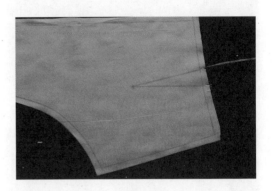

图3-4-4

五、裁片黏衬

侧摆裙腰头需要黏衬，要求黏衬平整牢固（图 3-4-5）。

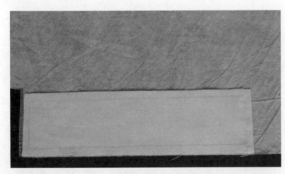

图3-4-5

六、缝制工艺流程

前、后片收省 → 装隐形拉链 → 合侧缝 → 缝侧摆 → 装腰头 → 做底边 → 整烫。

七、缝制工艺重点、难点

1. 缝侧摆
2. 装腰头

3. 装隐形拉链

八、缝制工艺步骤图解

1. 前、后片收省

①做省道：由省根缉至省尖，省尖处留线头 4cm，打结后剪短，省要缉直、缉尖（图 3-4-6）；

②烫省时省缝向后中方向烫倒，从腰口的省根向省尖烫，省尖部位的胖势要烫散，不可有褶皱现象（图 3-4-7）。

2. 装隐形拉链

①缝后中缝（预留上端拉链位），并分缝烫平（图 3-4-8、图 3-4-9）。

②拉链的正面与裙后片的正面相对，借助单边压脚缉线，靠足拉链齿边；缉线要顺直，宽窄一致，两端长短一致；缉缝好的隐形拉链在裙子正面不能看到拉链齿，要求平服（图 3-4-10、图 3-4-11）。

3.合侧缝

将前后片侧缝正面相对进行缝合；注意不要拉伸，并分缝烫平（图 3-4-12、图 3-4-13）。

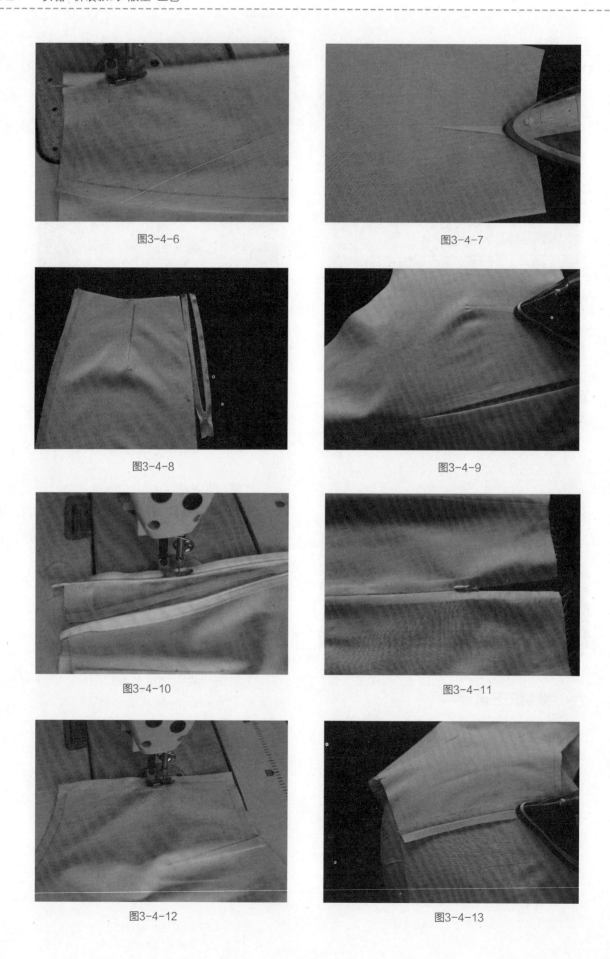

图3-4-6

图3-4-7

图3-4-8

图3-4-9

图3-4-10

图3-4-11

图3-4-12

图3-4-13

4. 缝侧摆

将裙片与侧摆正面相对，缉缝1cm，要求弧形缝合松紧一致，平整不起皱；检查后翻至正面，缝份倒向裙片缉0.1cm明线（图3-4-14、图3-4-15）。

图3-4-14

图3-4-16

5. 装腰头

①烫腰头：将烫好衬的腰头一侧扣烫1cm毛边，然后沿着光边按照腰头宽度再扣熨平整（图3-4-16、图3-4-17）。

图3-4-15

图3-4-17

②装腰头：采用沿边缝方法，将腰里与裙子里相对，由后中缝开始缉1cm缝份。要求缝制时不拉扯裙腰口；缝好后检查左右是否对称，拉链上端高低是否一致；然后翻至正面沿边缉0.1cm明线（图3-4-18~图3-4-21）。

6. 做底边

采用卷边缝方法缝制底摆，要求底摆缝制圆顺不起涟形，熨烫平整（图3-4-22、图3-4-23）。

7. 整烫

①烫腰头：将腰头面里熨烫平服，略归拢腰上口。

②烫裙身：将裙身省道、侧缝熨烫平服，应借助袖凳、布馒头等烫具熨烫。

③烫底摆：在裙子反面将底边裙边熨烫平服，烫时应注意侧摆造型，所有缝头轻烫以免正面出现痕迹。

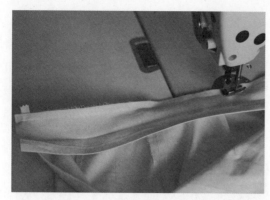

图3-4-18

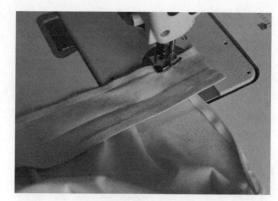

图3-4-19

图3-4-20

图3-4-21

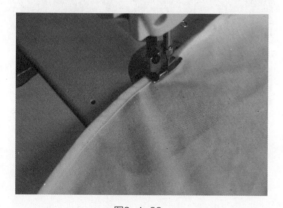

图3-4-22

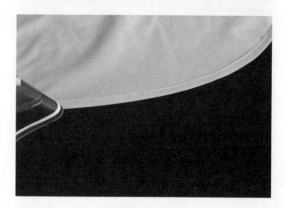

图3-4-23

九、质量要求

①整体美观，符合款式造型要求。

②腰头宽窄一致，腰口平服。

③裙身左右对称，侧摆造型自然美观，穿着时腰臀处合体。

④拉链安装平服不起皱，拉链拉合时拉齿不外露，拉链下端绱缝牢固，上端腰口左右平齐。

⑤绱线顺直，无跳线、断线现象，缝份宽窄符合要求。

⑥各部位整烫平整有型，无烫黄烫焦等污渍。

第五节
塔裙工艺

一、概述

1. 外形特征

由三片相接而成的塔裙（也可设计成更多层），裙身横向分割并加入抽褶，裙摆逐渐增大，显得活泼而具有动感；腰头装松紧（图3-5-1）。

图 3-5-1 塔裙图

2. 适用面料

为使塔裙显得动感飘逸，宜选用各种薄型或中厚型面料，如薄棉布、各种雪纺。

二、规格与面辅料用量

1. 参考规格（表3-5-1）

表3-5-1 （单位：cm）

号型	裙长	腰围
160/68A	75	68

2. 面辅料参考用量

①面料：门幅140ccm，用量约120cm，估算公式：裙长×1.5。

②辅料：配色缝纫线1个，松紧宽3.5cm，长60cm。

三、样版名称与裁片数量

样版名称与裁片数量见表3-5-2。

表3-5-2

序号	样版种类	名称	裁片数量	备注
1	面料样版	裙片（上）	1或者2	前后片连裁或者前后片各1片
2		裙片（中）	1或者2	面料较宽1片、较窄需2片拼接
3		裙片（下）	2	受面料宽度的影响一般需要2片拼接

四、排料

图3-5-2是以140cm幅宽的面料进行排料，将面料宽度对折摆放纸样，其他幅宽面料排料可以此作参考。

图3-5-2

裁剪后在中位处做出剪口，方便缝制时对位。

五、缝制工艺流程

一层与二层拼合 → 二层与三层拼合 → 缝合侧缝 → 装松紧 → 做底边 → 整烫。

六、缝制工艺重点、难点

1. 做褶裥
2. 装松紧

七、缝制工艺步骤图解

1. 一层与二层拼合

①做褶裥：放长针迹在二层上口缝0.8cm缝份，然后抽紧面线使之成为细褶（图3-5-3、图3-5-4）。

②拼合：将抽好细褶的裙片正面朝上，然后一层与二层正面相对摆放好缉缝1cm缝份，要求缝合时中位对齐；缝好后翻至正面，缝份朝上放平在正面缉0.1cm明线固定（图3-5-5、图3-5-6）。

2. 二层与三层拼合

采用与上述相同的方法缝合（图3-5-7）。

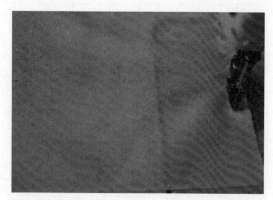

图3-5-3

图3-5-4

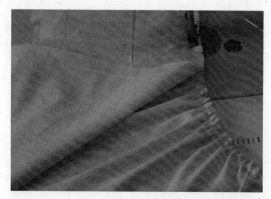

图3-5-5

图3-5-6

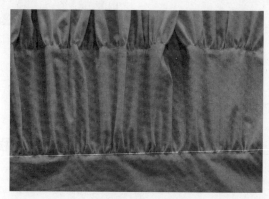

图3-5-7

3. 缝合侧缝

将裙片正面相对，缉缝 1cm 缝份后烫平（图 3-5-8、图 3-5-9）。

4. 装松紧

把松紧拼接成圈后，将第一层上口扣折 1cm 缝份，再折转能够包住松紧的宽度，沿着边缘缉线，边缝边拉松紧，注意不要缉缝在松紧上面（图 3-5-10、图 3-5-11）。

5. 做底边

采用卷边缝方法缝制底摆，要求底摆缝制圆顺不起涟形，熨烫平整（图 3-5-12、3-5-13）。

6. 整烫

①烫裙身：将裙身褶裥熨烫平服，应借助袖凳、布馒头等烫具熨烫。

②烫底摆：在裙子反面将裙底边熨烫平服，熨烫时应注意褶裥造型，所有缝头轻烫以免正面出现痕迹。

八、质量要求

①整体美观，裙身褶裥造型自然美观，符合款式造型要求。

②松紧平服、松量均匀。

③缉线顺直，无跳线、断线现象，缝份宽窄符合要求。

④各部位整烫平整有型，无烫黄烫焦等污渍。

图3-5-8

图3-5-9

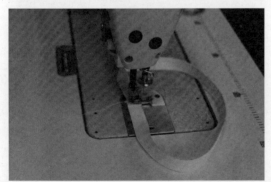

图3-5-10

图3-5-11

图3-5-12

图3-5-13

第四章　女裤款式设计

第一节
女裤概述

一、裤装发展历史

裤子是下装中另一种重要的形式，包覆人体腹臀部、腿部，是包裹人体下肢最复杂结构部位的服装种类。跟裙子相比，裤子的结构更复杂，基本形状的构成因素和控制部位相应也多，除了裤长、腰围、臀围外，还有上裆、腿围、膝围、脚围等。

裤子在人类服装的进程中出现的时间并不长。

中国的裤装最先由北方的游牧民族穿着，在新疆吐鲁番洋海古墓中发现了最早的中国裤子（图4-1-1）。当时的游牧民族以放牧为生，为了防止马背对大腿的磨损，发明了宽松的裤子。到战国时期，赵武灵王建立了骑兵，向游牧民族学习，让骑兵穿着短衣长裤的胡服，使得赵国的军事实力大增，成为当时的军事强国。随着政治的发展、外来文化的流入，中国的裤子也有了更多的款式，如中山裤、西服裤、裙裤等。

西方的古希腊时期，游牧民族发明了衬裤。在文艺复兴时期，这种裤子变成了紧身的外裤。而后随着社会意识形态、经济形式、时尚潮流的改变，裤子也逐渐发展出了牛仔裤、阔腿裤、健美裤、运动裤等多种款式（图4-1-2）。

现代女性常穿的裤装以裙裤、喇叭裤、紧身裤、健美裤、直筒裤、牛仔裤为主。与男裤相较而言，女裤廓型更加多变、颜色更加鲜艳、面料选择更丰富，且前门襟略短于男裤。

直至今日，裤子的发展都是以实用性、

图4-1-1　新疆吐鲁番洋海古墓出土的裤子

图4-1-2　Philosophy di Lorenzo Serafini 2019春夏

功能性为基础，并在此基础上向着美观的方向不断发展。在每个时代背景下、时尚潮流中，工艺的进步、织造技术的改良和印染技术的不断发展都影响着裤子的演变。

二、女裤设计风格

（一）美式风格

美式风格的代表女裤为牛仔裤，始于美国西部的牧民。牛仔面料硬朗挺括，是一种较粗的斜纹棉布；其颜色大多是靛蓝色，这种颜色来源于其靛蓝色的经纱，纬纱则为浅灰色；其工艺有水洗、磨砂、喷砂、印花、刺绣、破坏洗、石磨、漂洗、扎染等，常用黄色明线装饰，多在日常穿着（图4-1-3）。

（二）欧式风格

欧式风格的代表裤装为女西裤，它是西装套装的下装，是从欧洲兴起的服装，源于欧洲"水手服"的款式，可以方便水手卷起裤腿干活。西裤的廓型笔挺立体，面料多为羊毛、棉麻织成的高档西装料；颜色有黑、白、灰、大地色系等；图案有千鸟格、苏格兰方格、条纹、佩里斯花纹等；女性多在正式场合与西装上衣、腰带、丝巾搭配穿着（图4-1-4）。

（三）健美风格

健美风格的代表女裤为紧身裤，是一种用于内搭的裤子，类似于裤袜，是因为20世纪80年代初期有氧运动和健美操的兴起而产生的裤子款式。受到时尚趋势的影响，图案和颜色都非常鲜艳；材质为棉质、尼龙、羊毛混纺，添加氨纶以使其能够具有弹力和塑形的功能，通常在跳舞、瑜伽、健身时穿着（图4-1-5）。

（四）都市风格

都市风格的代表女裤为直筒裤，风格简约大气。一般呈H型上下垂直，裤管笔挺，较为宽松；面料为牛仔、棉布、帆布等，工艺考究,色彩丰富多变,适合都市通勤穿着（图4-1-6）。

（五）浪漫风格

浪漫风格的代表女裤为阔腿裤，这是一种浪漫飘逸、洒脱大方的款式。廓型呈A型，腰部合体，大腿及裤脚宽松；面料既可以是雪纺、丝绸，也可以是毛呢、棉麻。适合一年四季穿着，薄款轻薄飘逸，厚款挺括大气（图4-1-7）。

（六）中性风格

中性风格的女裤简约大气、硬朗率性、图案简洁，以H型的居多，不显示身材轮廓。面料为棉、麻、呢或锦纶面料，配色以黑白无彩色、大地色系居多，用以彰显个性、表达态度（图4-1-8）。

图4-1-3　Isabel Marant 2019春夏

图4-1-4 Roksanda 2019春夏

图4-1-5 Fashion East 2019春夏

图4-1-6 La Vie Rebecca Taylor 2019春夏

图4-1-7   Roksanda 2019春夏

图4-1-8   Celine 2019 春夏

第二节
女裤造型设计

一、女裤各部位名称图解

图 4-2-1 以直筒裤为例，标示出了女裤各部位的名称。女裤的设计取决于女裤的外廓型和内结构变化，如改变廓型、腰头的位置、裤身的长度、裤口的宽度、口袋设计等，将这些元素进行设计与组合，就能产生女裤的各种造型。

二、女裤的分类

女裤的款式种类繁多，可按照女裤的廓型、腰头的位置、裤身的长度、裤口的宽度等进行分类。

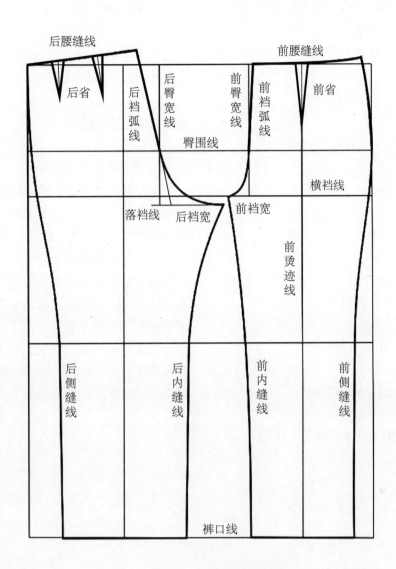

图4-2-1 女裤各部位名称

（一）按廓型分类

①按文字表示法，女裤可分为紧身裤、适身裤、半适身裤、宽松裤等。

②按字母表示法，女裤可分为 H 型、A 型、T 型、O 型等。

（二）按腰头位置分类

根据裤腰的高低形态，裤子可分为低腰裤、无腰裤、装腰裤、连腰裤、高腰裤等。

1. 低腰裤

分两种，一种在肚脐下 5cm 位置沿量腰围的低腰裤，另一种是在肚脐下 2.5cm 位置沿量腰围的中低腰裤。

2. 无腰裤

装腰贴或腰上口滚边而不装腰带的款式。

3. 装腰裤

正常腰位，装腰带，是最常见的款式。

4. 连腰裤

正常腰位，不装腰带，腰带部分与裤片连裁，装腰贴或腰上口滚边的款式。

5. **高腰裤**

于肚脐上 2.5cm（即人体腰围最细处）沿量腰围即为高腰腰围。

（三）按裤身长度分类

1. **超短裤**

裤长 ≤ 0.4 号 –10cm 的裤装。

2. **短裤**

裤长 0.4 号 –10cm~0.4 号 +5cm 的裤装。

3. **中裤**

裤长 0.4 号 +5cm~0.5 号的裤装。

4. **中长裤**

裤长 0.5 号 ~0.5 号 +10cm 的裤装。

5. **长裤**

0.5 号 +10cm~0.6 号 +2cm 的裤装。

（四）按裤口宽度分类

1. **瘦脚裤**

裤口量 ≤ 0.2H–3cm 的裤装。

2. **裙裤**

裤口量 ≥ 0.2H+10cm 的裤装。

3. **直筒裤**

裤口量 =0.2H ~ 0.2H +5cm，中裆与裤口量基本相等的裤装。

4. **喇叭裤**

中裆小于脚口的裤装。

5. **萝卜裤**

中裆大于脚口的裤装。

三、女裤口袋设计

1. **侧口袋的结构变化**

侧口袋可分为直插式、斜插式、横开式、开线式、混合式等。正装侧口袋一般为直插式和斜插式，休闲裤子的侧口袋为横开式。

2. **后口袋的结构变化**

后口袋的设置主要是装饰性和标志性，其功能性几乎为零。女裤的后口袋主要是休闲裤的贴袋，女正装裤一般不设置后口袋。后开袋是指开线式后口袋，分为单开线、双开线及袋盖式三种。后袋一般采用贴袋形式，贴袋上一般装饰有明线和铆钉。

第五章　女裤版型设计

第一节
女裤基本款式版型

以下以女西裤为例介绍女裤基本款式版型。

（一）款式、面料与规格

1. 款式特点

女西裤为春秋季时装裤，是常与西服配套的下装，显示合体、庄重的风格特征。款式特点为束腰裤，臀部有适当的松量，前裤腰口处设一倒向侧缝的单褶和一小腰省，后裤片腰口处设两腰省，侧缝直插兜，前中开门缝拉链。穿西裤能弥补体型不足，适合任何人穿着，如图5-1-1所示。

2. 面料

女西裤面料选用范围较广，毛料、棉布、呢绒及化纤等面料均可采用，如法兰绒、华达呢、美丽诺、哔叽、直贡呢、凡立丁、派力司、单面华达呢、双面卡其等中厚型织物面料。

3. 规格设计

女西裤臀围一般在净臀围基础上加放10~15cm，腰围在净腰围基础上加放0~2cm。因此对于160/68A的人来说，成品裤子尺寸可做如表5-1-1的设定。

（二）结构制图要点

结构制图如图5-1-2所示。

①基本型女裤的立裆是由股上长加1cm左右松量组成。松量多少要视裤子的宽松程度而定，贴体裤少而宽松裤多。但不能过少或过多，过少会出现兜裆不舒适，过长会出现吊裆，不美观，甚至上裆过长导致裤子的裆部受到横向牵制作用而无法增大活动范围。

②测量的腰、臀围净体尺寸是固定值，而放松量是变数，它是决定裤子制图和成品规格的关键，腰围的放松量是依据人体的收缩及裤腰里内衣的厚度而设计的。一般加放0~2cm。臀围的放松量是依据女裤的宽松程度而确定的。面料薄的可少加，面料厚的可多加；弹力面料可少加；纱硬面料可多加。

③裤子裆弧线的形成占人体的腰、腹、臀部与下肢联合处所形成的结构特征分不开，由于腹凸靠上且不明显，所以前裆弧线弯度小而平缓；由于臀凸靠下而明显外凸，所以后裆弧线弯度大而急，它们的接合点在耻骨附近，前、后裆弯弧线可以互借，前提是满足女裤的合体与活动的需要。

④后翘是指后腰中点的抬高量，它是为了满足女体蹲、屈等活动的需要而设计的，一般在2.5cm左右。后翘不宜过长，否则女性站姿时后腰中部出现余量。后裆斜线的倾斜程度是由臀大腰小而决定，臀部越外凸，其倾斜越大，后翘也越高。后裆缝拼合以后，要满足左右的腰口线拼合部位的圆顺。

⑤女体的臀大腰小，形成臀腰差。为了使女裤合体，就必须收省。因此，臀腰差的形成是裤子的省、褶量设定的依据。臀腰差在后腰口大且斜度长，两侧次之，前面最小。基于这一原则，裤子的收省应该是前省量小于后省量，且前省短而后省长。臀、腰差越大则省量越大，相反臀、腰差越小则省量越小。由于后省量大于前省量，因此，裤后省可平衡分解成两个省。裤省的分配准确地说还应该有后中省、前中省、两侧省，只不过它们已经被分散在缝份之中。省在女裤中富于变化，从表面上看无省，如牛仔裤、贴体裤等，这是因为被转移、合并掉了，是结构设计的主要方法。无论如何它们都必须遵循女体的体型特征以及满足女裤的活动功能和装饰美感。

⑥裤子的长度是上裆长与下裆长之和，因此可用裤长减去上裆长得到下裆长。还可以直接测量，由臀股沟至裤口处。

图5-1-1 女西裤效果图

表 5-1-1　女西裤规格表　　　　　　　　　　　　　　（单位：cm）

号 型	部位名称	裤长（L）	腰围（W）	臀围（H）	脚口围 (SB)	立裆	腰宽
160/68A	净体尺寸	/	68	90	/	24	/
	成品尺寸	98	70	100	20	28	3

⑦准确地说膝围线的位置是在女体膝盖中央，但考虑到女裤的美感和功能所需，制图时约向上提高膝围线，以满足女体活动功能和裤子的修长之感。膝围线的高低可以根据女裤廓型而定，如小喇叭裤、大喇叭裤、裙裤，它们的膝围线由人体的标准膝线位逐渐上调至与横裆线重合，直到形成裙裤。

⑧在女裤标准基本型中，前片的膝围、脚围比后片的膝围、脚围分别要小，这是基于前腹部比后臀部小的原理，在结构上从腹位到膝位，再到脚位都有要体现出结构整体均衡美的效果。

（三）样版制作

样版制作如图5-1-3，5-1-4所示。

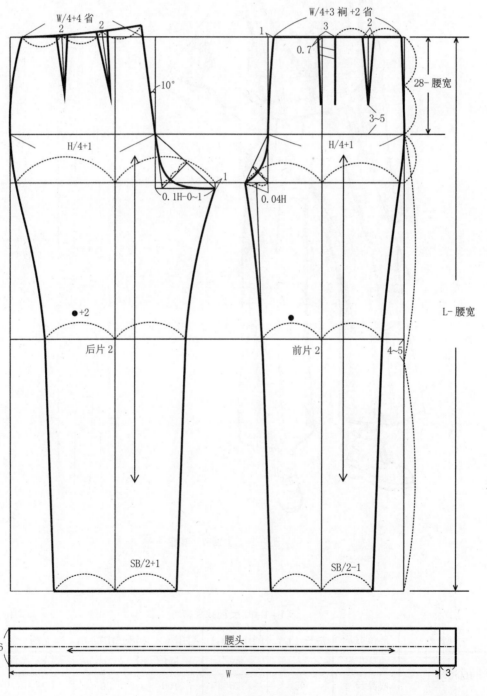

图5-1-2　女西裤前后片结构图　　　　　　　（单位：cm）

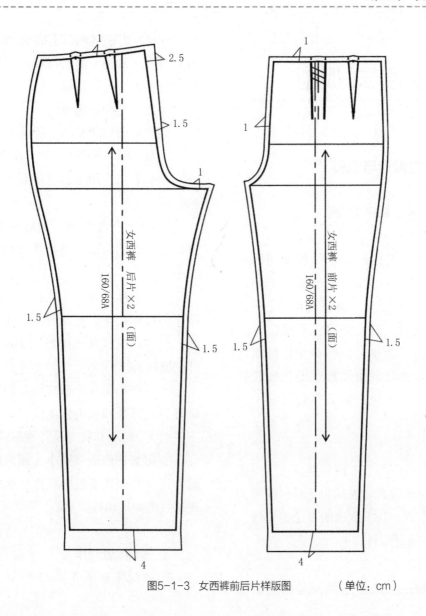

图5-1-3　女西裤前后片样版图　　　　　　（单位：cm）

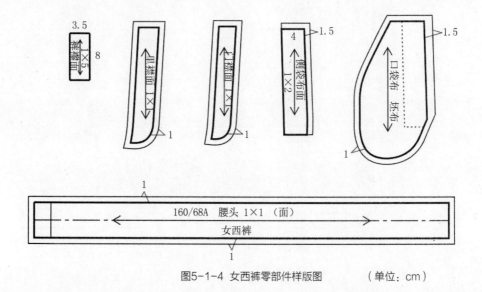

图5-1-4　女西裤零部件样版图　　　　　　（单位：cm）

第二节
女裤变化款式版型

一、裙裤结构设计与纸样

（一）款式、面料与规格

1. 款式特点

裙裤是裙子结构向裤子结构演变的最初结构模式，即在裙结构上增加裤子裆部结构，臀部加适当松量，裤长至膝盖上下，裤口扩张做成裙式摆，侧身弧形插袋，前开门绱装门里襟缝拉链，底摆保持自然散开的形态。款式特点是束腰，上裆较长，其一般是夏、秋季的下装，穿着舒服（图5-2-1）。

2. 面料

裙裤面料根据季节不同分别可选用织造紧密、具悬垂感的水洗衣棉，化纤，呢绒，薄羊毛呢及柔软、悬垂飘逸的涤纶柔姿纱，乔其纱，棉麻布等面料。

3. 规格设计

女裙裤臀围一般在净臀围基础上加放10~15cm，腰围在净腰围基础上加放0~2cm。因此对于160/68A的人来说，成品裤子尺寸可做如表5-2-1的设定。

（二）结构制图要点

结构制图如图5-2-2所示。

①先画一个长度等于裙裤长 - 腰宽=62cm，腰围是70cm，臀围是100cm的小A裙结构。

②设计直裆深线，基础裙裤即为合体型裙裤，直裆深取窄型裙裤直裆深即可，为27cm。

③在前横裆线上，延长前臀围的二分之一作为前横裆宽，画好前裆弯弧线和内侧缝线。前内侧缝线在下摆增大2cm，保持与后外侧缝线的均势。

④后横裆宽等于后臀围宽的二分之一，画好后裆弯弧线和内侧缝线。后内侧缝线在下摆增大2cm，保持与后外侧缝线的均势。

⑤裙裤外侧造型同小A裙两侧造型一样的方法，并在侧下摆中点作外侧缝线的垂直线，并圆顺地画好下摆线。

（三）样版制作

样版制作如图5-2-3所示。

图5-2-1 裙裤效果图

表 5-2-1　裙裤规格　　　　　　　　　　　　（单位：cm）

号 型	部位名称	裙长（L）	腰围（W）	臀围（H）	臀长	立裆深	腰宽
160/68A	净体尺寸	/	68	90	18	25	/
	成品尺寸	65	70	100	18	≥27	3

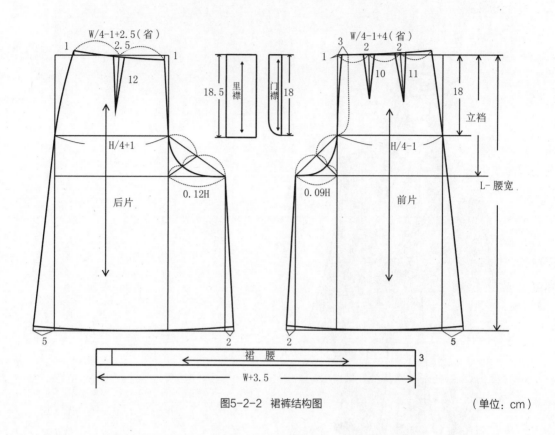

图5-2-2　裙裤结构图　　　　　　　　　　　　　（单位：cm）

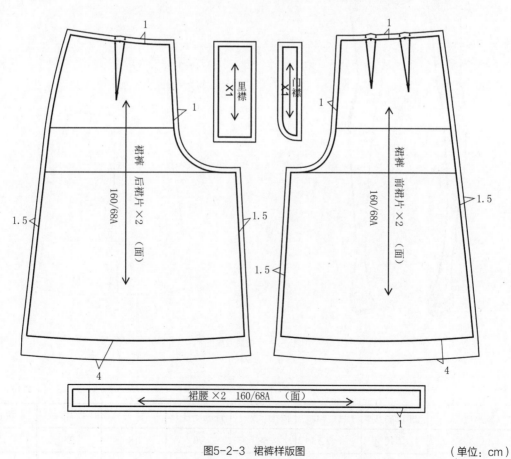

图5-2-3　裙裤样版图　　　　　　　　　　　　　（单位：cm）

二、牛仔裤结构设计与纸样

（一）款式、面料和特点

1. 款式特点

低腰紧身牛仔裤是牛仔裤造型中的一种，为春秋季常见女裤，显现女性修长、优美的曲线，为年轻女性所青睐。款式特点是紧身贴体，臀部松量极少，腰位下移2~3cm，裤管由膝盖向裤脚口稍变大，裤长至地面以上2~3cm，前后无腰省，前裤片左右两侧各有一个月亮形口袋，并在右面月亮形口袋内装一方形小贴袋，前开门缝装门里襟缝金属拉链，后裤片有育克分割，并各有一个明贴袋，腰头呈弧形，并装有5个襻带，小喇叭裤腿（图5-2-4）。

2. 面料

低腰紧身牛仔裤面料首选有弹性斜纹或树皮纹的牛仔布，深蓝色和黑色较多，并采用不同水洗方式产生不同的效果，如轻石磨洗成靛蓝色和深黑色，重石磨洗成浅蓝色和浅黑色，漂洗加石磨洗成更浅的颜色。

3. 规格设计（表5-2-2）

（二）结构制图要点

结构制图如图5-2-5所示。

①低腰紧身牛仔裤又称为A型裤，其外部轮廓与锥形裤相反，呈现梯形状。显著特点是臀线以上收紧，强调臀部的丰满，另外脚口需增大，膝围要收小，裤管要增长。低腰紧身牛仔裤变化较大，不同的低腰紧身牛仔裤其裤口增大的起点位置也不同，通常以膝围线作上下调节。

②对于低腰结构的牛仔裤，臀、腰差量的处理是前、后无省，在结构处理上将后腰省合并，前腰省在袋口位处理掉，通常采用前有袋后有飞机头的处理方式。

③低腰结构的腰线处理比较灵活，降低腰线后再分割一定的宽度作为腰头宽，依据标准基本型纸样降低腰线，对腰口进行结构设计；或是在结构制图时直接降低腰线，这种情况要随着腰线的降低而增大腰围。

（三）样版制作

样版制作如图5-2-6，5-2-7所示。

图5-2-4　低腰紧身牛仔裤效果图

表5-2-2　低腰紧身牛仔裤规格表　　　　　　　　　　　　　（单位：cm）

号 型	部位名称	裤长（L）	腰围（W）	臀围（H）	中裆（KL）	脚口围(SB)	腰宽
160/68A	净体尺寸	/	68	90	18	/	/
	成品尺寸	98	72	90	18	23	3.5

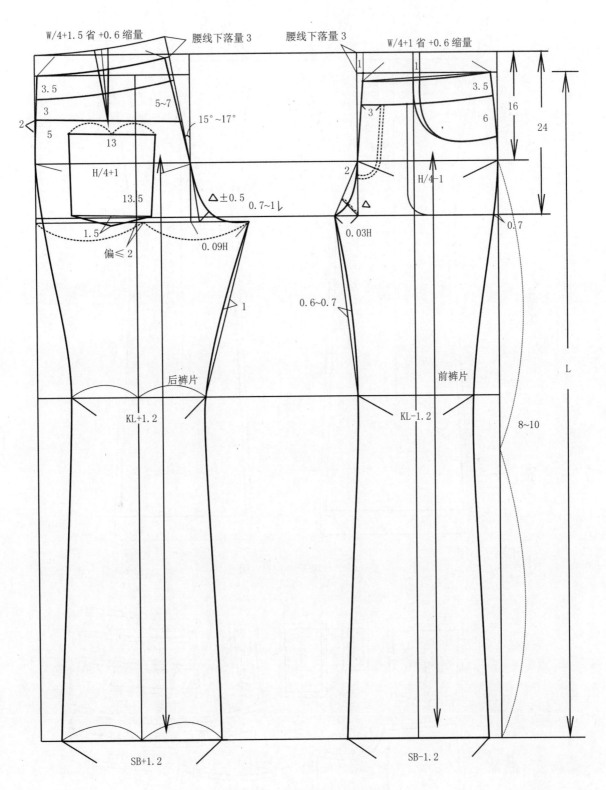

图5-2-5 低腰紧身牛仔裤结构图 （单位：cm）

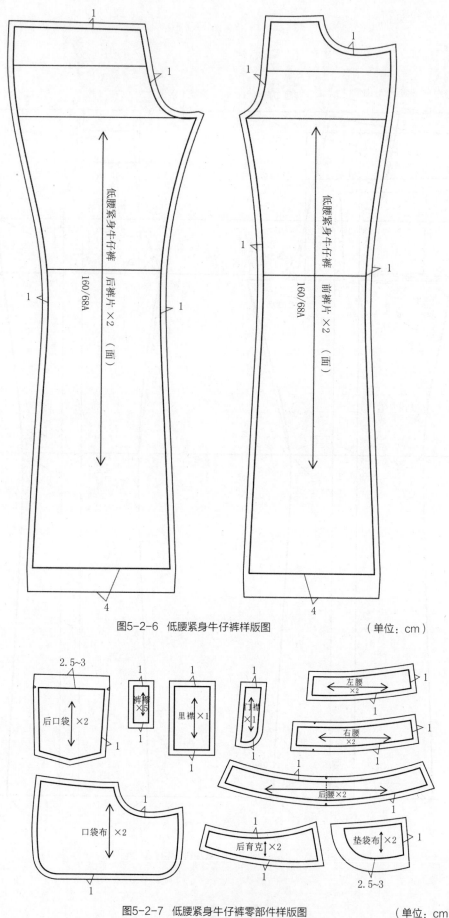

图5-2-6 低腰紧身牛仔裤样版图   （单位：cm）

图5-2-7 低腰紧身牛仔裤零部件样版图   （单位：cm）

三、弧线分割裤结构设计与纸样

（一）款式、面料与规格

1. 款式特点

本款短裤前中装拉链，裤头绱直腰，前、后分割线设计。前裤片左右各有一个省道，在结构设计的毛样设计过程中把前腰省进行合并，前片左右还各有一条弧形分割线，后裤片有育克分割，在毛样设计中把后腰省转到育克线中，该款裤子造型美观，简洁大方，适合年轻女性穿着（图5-2-8）。

2. 面料

挑选短裤面料时，要考虑到外衣的属性，所以料子不能太薄，常采用中厚型、透气的棉卡其，牛仔布，皮革等，也可选用横贡缎、丝绒（及平绒、立绒）等有特殊肌理的面料。

3. 规格设计（表5-2-3）

（二）结构制图要点

结构制图如图5-2-9所示。

①短裤在外观上可分为两类：一是贴体型，二是宽松型。贴体型短裤的结构与基本型相同，只是臀围放松量减少，裤管较短而已。宽松型短裤的臀围放松量增多，臀部较为宽松，透气性好。不管是哪一类型，制图时前、后落裆差都要控制在2~3cm才能满足前、后内侧缝线的长度互调。

②短裤的前、后腰省做成了一样大，但是省长对于基本型裤子来说要改短，将省长画到分割线上即可，可以用分割线与省尖的交点进行合并省道后转移。

③在短裤结构设计时注意前、后片内侧缝弧线的长短要一致，在缝制过程中不会出现前长后短，或者前短后长的现象。

（三）样版制作

样版制作如图5-2-10所示。

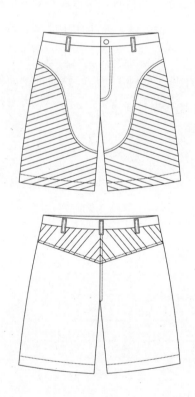

图5-2-8 弧线分割裤效果图

表5-2-3 弧线分割裤规格表　　　　　　　　　　　　　　　　　　　（单位：cm）

号 型	部位名称	裤长（L）	腰围（W）	臀围（H）	脚口围(SB)	腰宽
160/68A	净体尺寸	/	68	90	/	/
	成品尺寸	40	68	94	54	3

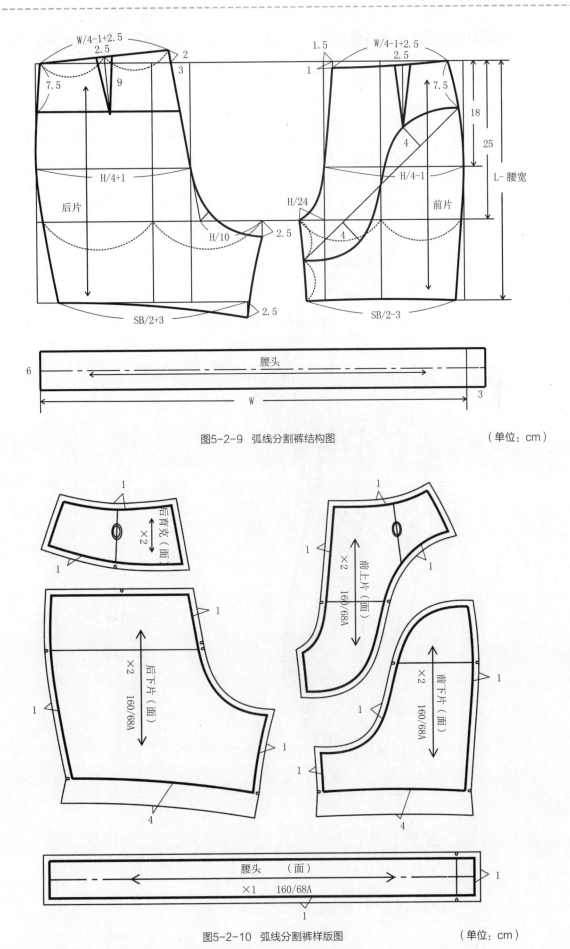

W/4-1+2.5
2.5
2
3
7.5
9
1.5
W/4-1+2.5
2.5
1
7.5
18
25
L-腰宽
H/4+1
后片
H/24
H/4-1
前片
4
H/10
2.5
4
SB/2+3
2.5
SB/2-3

6 腰头
W
3

图5-2-9　弧线分割裤结构图　　　　　　　　　　（单位：cm）

后育克（面）
×2
1
1
1
1
前上片（面）
×2
160/68A
1
后下片（面）
×2
160/68A
1
1
前下片（面）
×2
160/68A
1
1
4
4

腰头　　（面）
×1　　160/68A
1
1

图5-2-10　弧线分割裤样版图　　　　　　　　　　（单位：cm）

四、连腰直筒裤结构设计与纸样

（一）款式、面料与规格

1. 款式特点

本款裤子为秋冬时装裤、H型，由于是连腰造型，腰部需适当松量，臀部松量较多，考虑人体腿膝前倾运动，松量加放为前多后少，前片设有两个腰省解决腰臀差。斜插袋，前开门绱装门里襟拉链，后片设有两腰省解决腰臀差，直筒裤管，裤口较肥大且翻边，腰宽设计较宽，整体上显得下身有修长之美感，适合中青年女士穿着（图5-2-11）。

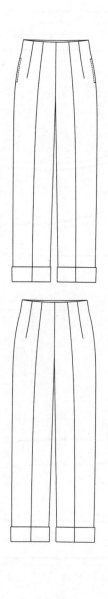

图5-2-11　连腰直筒裤效果图

2.面料

挑选面料时，要考虑到外衣的属性，首选具弹性、悬垂的薄羊毛呢、化纤等条纹面料或传统的格子花纹面料，不宜采用质地较厚且硬挺的面料。

3.规格设计（表5-2-4）

（二）结构制图要点

结构制图如图 5-2-12 所示。

①连腰造型，腰部松量为 2~4cm，前后腰围差 2cm，前、后片左右各有两个腰省，即前腰 =W/4-1+4cm，后腰 =W/4+1+4cm。

②腰省向上延伸至连腰部位，各省收口 0.5cm，侧腰口放 0.3cm，符合人体腰部造型。

③前裤片脚口 =SB/2-2，后裤片脚口 =SB/2+2，翻边宽为 4cm×2cm。

（三）样版制作

样版制作如图 5-2-13，5-2-14 所示。

表 5-2-4 连腰直筒裤规格表 （单位：cm）

号 型	部位名称	裤长（L）	腰围（W）	臀围（H）	中档（KL）	脚口围 (SB)	腰宽
160/68A	净体尺寸	/	68	90	/	/	/
	成品尺寸	100	70	94	44	42	5

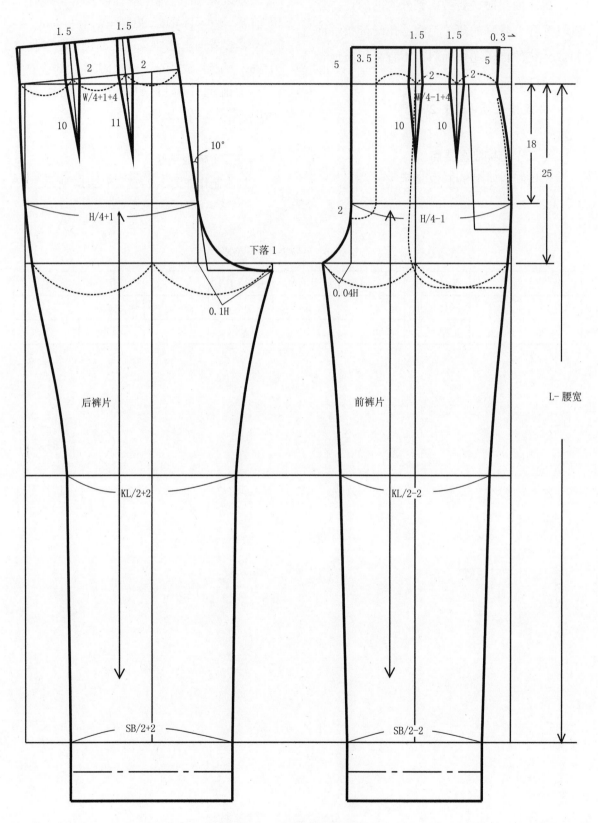

1.5　　1.5

2　　2

W/4+1+4

10　　11

10°

H/4+1↑

下落1

0.1H

后裤片

KL/2+2

SB/2+2

1.5　1.5　0.3→

5　　3.5　　5

2　　2

W/4-1+4

10　　10

18

25

2　　H/4-1

0.04H

前裤片

L- 腰宽

KL/2-2

SB/2-2

图5-2-12　连腰直筒裤结构图　　　　　　　　　（单位：cm）

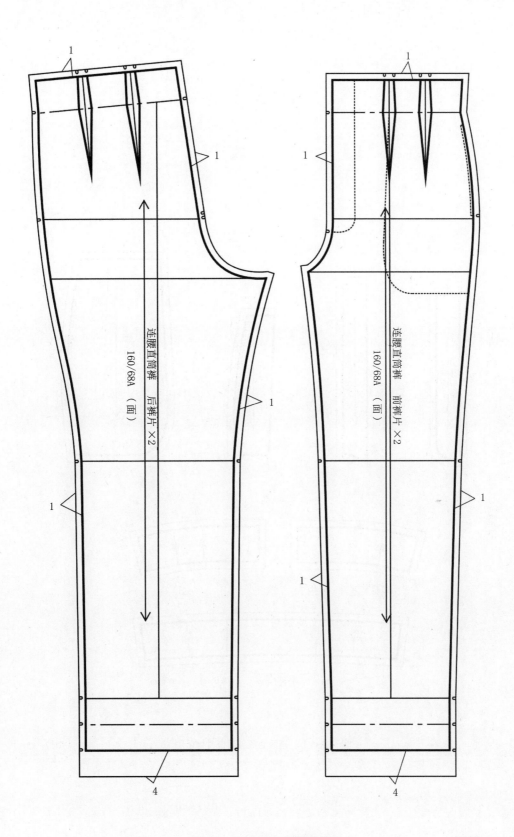

图5-2-13 连腰直筒裤样版图　　　　　　　　（单位：cm）

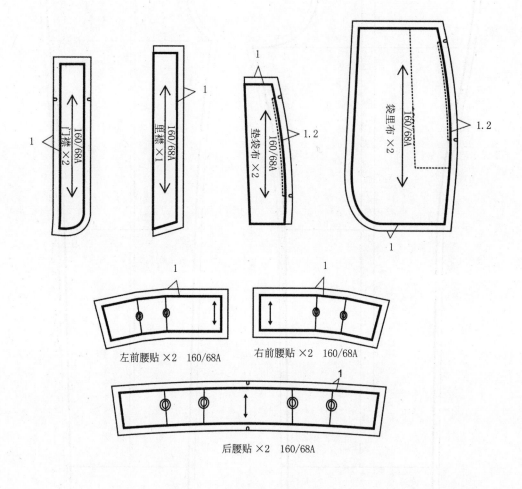

图5-2-14　连腰直筒裤零部件样版图　　　　　　　　（单位：cm）

五、高腰翻脚裤结构设计与纸样

（一）款式、面料与规格

1.款式特点

本款裤子为时装短裤，H型，由于是连腰造型，腰部需适当松量，臀部松量较多，松量加放为前多后少，前片设有两个腰省解决腰臀差。高腰头，斜插袋，前开门绱装门里襟拉链，后片设有两腰省解决腰臀差，脚口外翻，适合中青年女士穿着（图5-2-15）。

2.面料

根据裤子的造型考虑到外衣的属性，首选具弹性、悬垂感的薄羊毛呢、化纤等条纹面料或传统的格子花纹面料，不宜采用质地较厚且硬挺的面料。

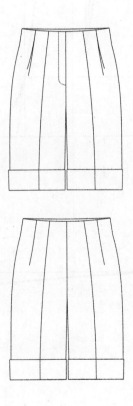

图5-2-15　高腰翻脚裤效果图

3. 规格设计（表5-2-5）

表5-2-5　高腰翻脚裤规格表　　　　　　　　　　（单位：cm）

号/型	部位名称	裤长（L）	腰围（W）	臀围（H）	脚口围（SB）	腰宽
160/68A	净体尺寸	/	68	90	/	/
	成品尺寸	50	70	96	50	6

（二）结构制图要点

结构制图如图5-2-16所示。

①连腰造型，腰部松量为2~4cm，前、后片左右各有两个腰省，即前腰=W/4+5cm，后腰=W/4+5cm。

②腰省向上延伸至连腰部位，各省收口0.5cm，侧腰口放0.5cm，符合人体腰部造型。

（三）样版制作

样版制作如图5-2-17所示。

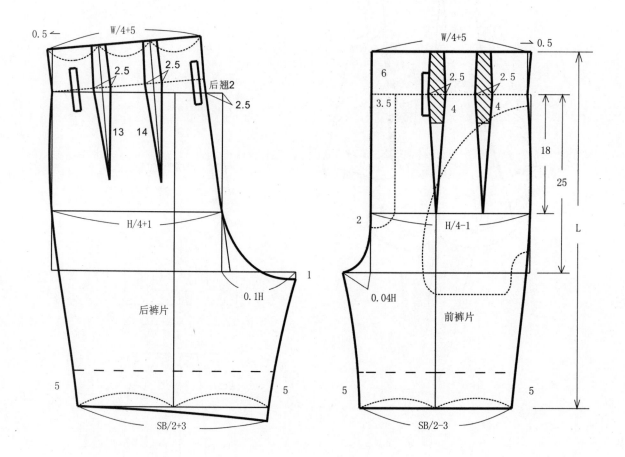

图5-2-16　高腰翻脚裤结构图　　　　　　　　　（单位：cm）

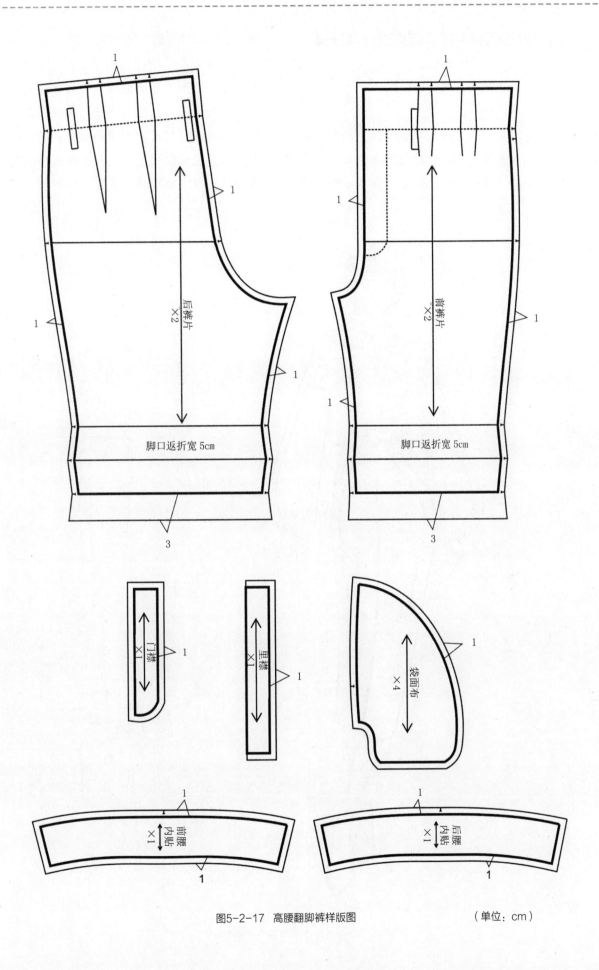

图5-2-17 高腰翻脚裤样版图　　　　　　　　　（单位：cm）

六、分割低腰牛仔裤结构设计与纸样

（一）款式、面料和特点

1. 款式特点

分割低腰牛仔裤，低腰结构，两侧装斜袋，并加盖耳钉扣，后片分割飞机头，下装贴袋。前片在膝两侧上部进行弧线分割，整条裤子具有较强的立体效果（图5-2-18）。

2. 面料

分割低腰牛仔裤面料首选有弹性斜纹或树皮纹的牛仔布，深蓝色和黑色较多，并采用不同水洗方式产生不同的效果，如轻石磨洗成靛蓝色和深黑色、重石磨洗成浅蓝色和浅黑色、漂洗加石磨洗成更浅的颜色。

图5-2-18　分割低腰牛仔裤效果图

3. 规格设计（表5-2-6）

表5-2-6 分割低腰牛仔裤规格表   （单位：cm）

号/型	部位名称	裤长（L）	腰围（W）	臀围（H）	脚口围（SB）	腰宽
160/68A	净体尺寸	/	68	90	/	/
	成品尺寸	75	80	102	36	4

（二）结构制图要点

结构制图如图5-2-19所示。

①制图尺寸中包含有成品规格和缩水量，因此，制图之前必须对各部位规格的缩水量进行精确计算，然后依据实际情况对缩水量作调整并加到各部位制图尺寸中。

②腰头由于压缉明线较多，造成腰围达不到标准测算的缩水率，需要减少许；用弹力面料制作的裤子，脚口由于车缝会使脚围增大，脚围需要减少许。

③对于低腰结构的牛仔裤，臀、腰差量的处理是前、后无省，在结构处理上将后腰省合并，前腰省在袋口位处理掉，通常采用前有袋后有飞机头的处理方式。

④低腰结构的腰线处理比较灵活，降低腰线后再分割一定的宽度作为腰头宽，依据标准基本型纸样降低腰线，对腰口进行结构设计；或是在结构制图时直接降低腰线，这种情况要随着腰线的降低而增大腰围，如图5-2-20所示。

（三）样版制作

样版制作如图5-2-21所示。

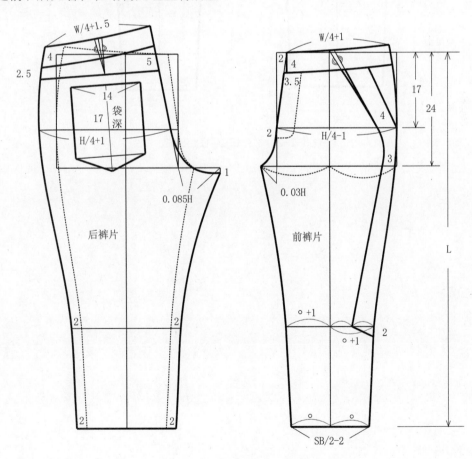

图5-2-19 分割低腰牛仔裤结构图   （单位：cm）

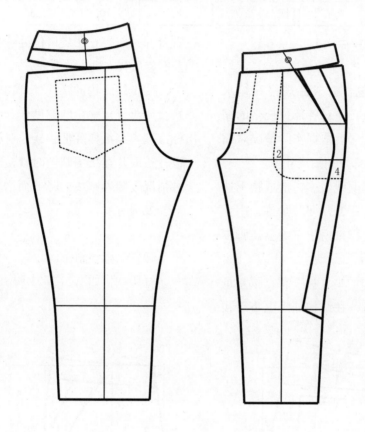

图5-2-20　分割低腰牛仔裤纸样图

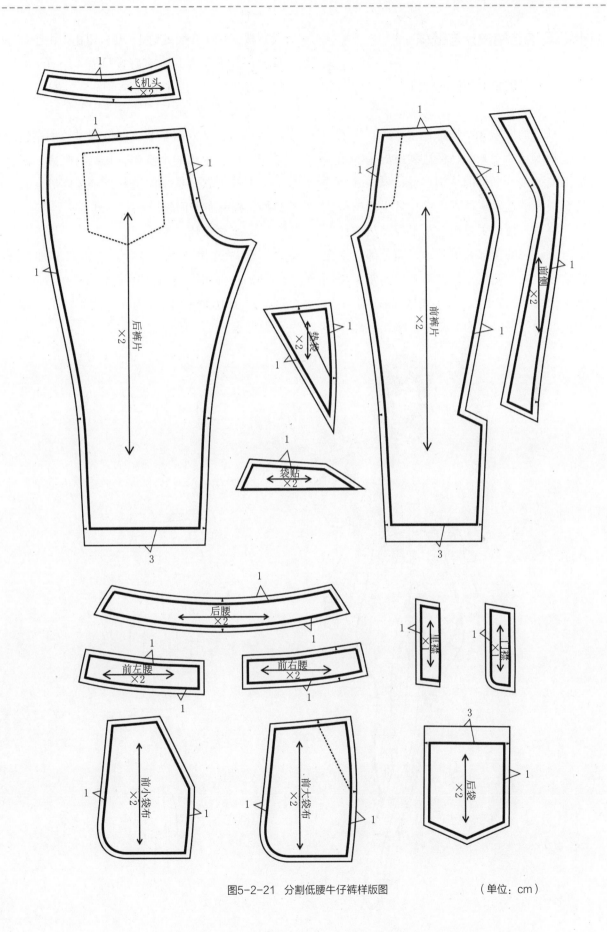

图5-2-21　分割低腰牛仔裤样版图　　　　　　　（单位：cm）

七、马裤结构设计与纸样

（一）款式、面料与规格

1. 款式特点

马裤的廓型和结构都比较特殊，它的外形呈菱形状。女士的马裤造型由男士的骑马裤借鉴而来，马裤的结构严谨，风格独特，具有很好的运动机能性。在日常生活中很少见到穿着，目前主要用于马术运动员的比赛穿着。马裤的腰部贴体收紧，而腰部以下至膝线以上的两侧逐渐形似鼓状，非常宽松，到了膝线以下突然收紧，小腿呈现贴体造型。为了穿脱方便，结构上必须在膝线下部作开

衩处理，并在开衩处钉上 10 粒钮扣。由于马裤腰部收紧，因此，前后腰只需 4 个省，并将前省在前袋口缝中处理掉（图5-2-22）。

2. 面料

马裤面料根据季节不同分别可选用制造紧密、具悬垂感的水洗棉，化纤，呢绒，薄羊毛呢及柔软、悬垂飘逸的涤纶柔姿纱，乔其纱，棉麻布等面料。

3. 规格设计

马裤臀围一般在净臀围基础上加放10~20cm，腰围在净腰围基础上加放 0~2cm。因此对于 160/68A 的人来说，成品裤子尺寸可做见表 5-2-7 的设定。

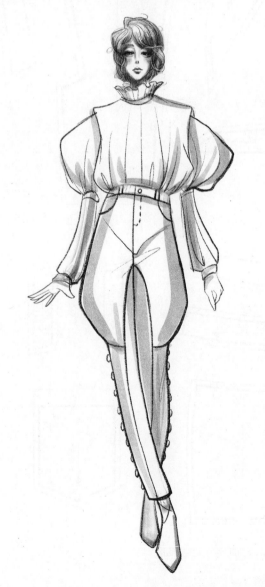

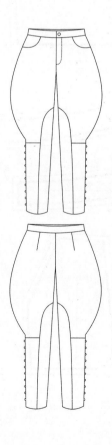

图5-2-22 马裤效果图

表5-2-7　马裤规格表　　（单位：cm）

号　型	部位名称	裙长（L）	腰围（W）	臀围（H）	臀长	脚口围（SB）	腰宽
160/68A	净体尺寸	/	68	90	18	/	/
	成品尺寸	94	70	110	18	32	3

（二）结构制图要点

结构制图如图5-2-23所示。

①先画一个长度等于裤长－腰宽=91cm，前腰围是W/4+1的前裤片框架。

②设计立裆深线，立裆深为25cm。

③利用SB/2-2取得前裤片的脚口宽，将前裤脚口与横裆宽相连，作出马裤的造型。

④后裤片在前裤片的基础上进行加宽，作出后裆低落量以及裤脚口和侧缝的弧线加宽量。

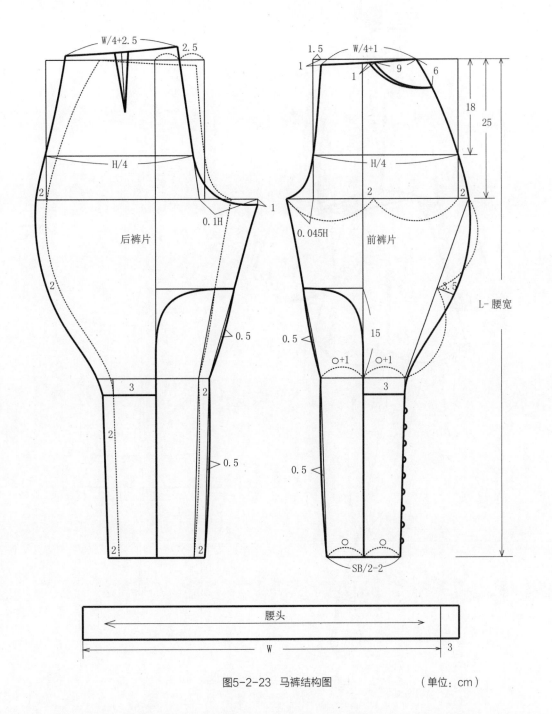

图5-2-23　马裤结构图　　（单位：cm）

八、左开襟短裤结构设计与纸样

（一）款式、面料与规格

1.款式特点

本款短裤前中装拉链，裤头绱直腰，前、后省道设计。前裤片左右各有一个省道，左侧开襟并钉有4粒扣，装直腰在左侧襟位打开。后裤片需要增加左开襟搭位宽。该款裤子造型美观，简洁大方，适合年轻女性穿着(图5-2-24)。

2.面料

挑选短裤面料时，要考虑到外衣的属性，所以料子不能太薄，常采用中厚型、透气的棉卡其、牛仔布、皮革等，也可选用横贡缎、丝绒（及平绒、立绒）等有特殊肌理的面料。

图5-2-24　左开襟短裤效果图

3. 规格设计（表5-2-8）

表 5-2-8　左开襟短裤规格表　　　　　　　　　（单位：cm）

号 型	部位名称	裤长（L）	腰围（W）	臀围（H）	脚口围（SB）	腰宽
160/68A	净体尺寸	/	68	90	/	/
	成品尺寸	45	70	102	56	3

（二）结构制图要点

结构制图如图 5-2-25 所示。

①短裤在外观上可分为两类：一是贴体型，二是宽松型。贴体型短裤的结构与基本型相同，只是臀围放松量减少，裤管较短而已。宽松型短裤的臀围放松量增多，臀部较为宽松，透气性好。不管是哪一类型，制图时前、后落裆差都要控制在 2~3cm 才能满足前、后内侧缝线的长度互调。

②先画前裤片，在前裤片基础上画后裤片（前裤片为虚线）。

③分解纸样及放缝，注意后左侧增加开襟搭位宽。

④左襟贴不能掉裁片，否则无法完成工艺。

（三）样版制作

样版制作如图 5-2-26 所示。

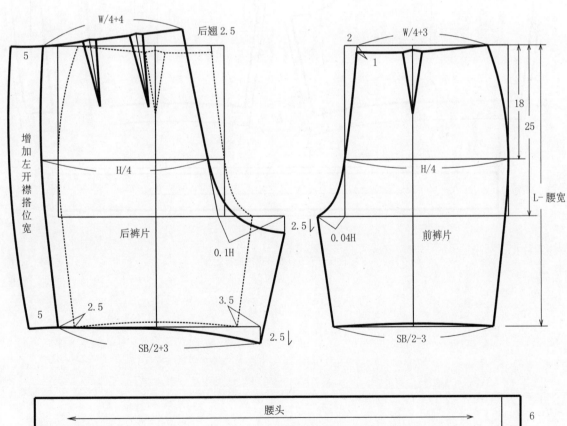
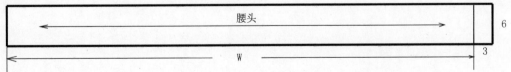

图5-2-25　左开襟短裤结构图　　　　　　（单位：cm）

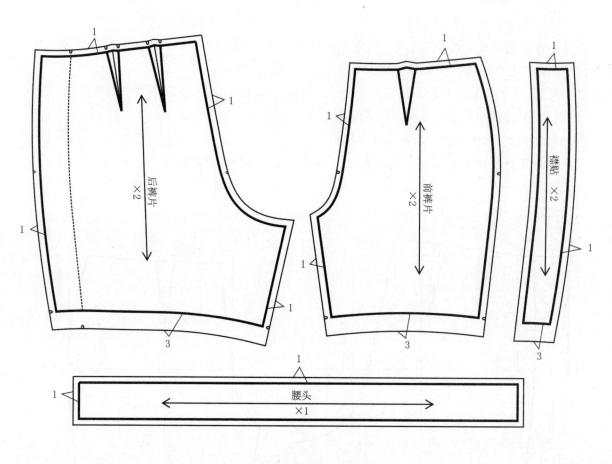

后裤片
×2

前裤片
×2

襟贴
×2

腰头
×1

图5-2-26　左开襟短裤样版图　　　　　　　　（单位：cm）

九、无侧缝皮革裤结构设计与纸样

（一）款式、面料和特点

1. 款式特点

该款裤子是用皮革设计制作而成的女士小喇叭裤，低腰结构，前后片的外侧进行弧线分割至脚口，因而看不见标准的侧缝，前后片的腰口线以下中臀以上形成一个整体，由于分割线设计在腰省附近，所以有很好的功能效果（图5-2-27）。

2. 面料

无侧缝皮革裤可以选用山羊皮或绵羊皮制成的光面皮革、磨砂革或苯胺革。磨砂革一般是用猪皮、山羊皮和二层牛皮制成。磨砂革要求绒头细致紧密、身骨柔软、丰满有弹性、不涂浆、背面无深描刀痕。苯胺革透气性最好，但在穿着过程中一定要注意防止沾上油污，一旦沾上油污需尽快送到专业的洗衣店清洗，如时间过久就不太容易清洗掉了，从而失去服装的美感。

（二）结构制图要点

结构制图如图5-2-28所示。

①绘制基本型裤子结构，在基础型裤子上降低腰围。

图5-2-27　无侧缝皮革裤效果图

②将侧缝处进行合并，将侧缝原有空余量平移到分割线处。

③前裤片左右各设一个腰省，裤腰的腰省在腰头处合并，裤片上的省道转移到分割线。

3.规格设计（表5-2-9）

表5-2-9　无侧缝皮革裤规格表　　　　　　　　（单位：cm）

号型	部位名称	裤长（L）	腰围（W）	臀围（H）	中裆（KL）	脚口围（SB）	腰宽
160/68A	净体尺寸	/	68	90	/	/	/
	成品尺寸	100	72	90	40	48	4

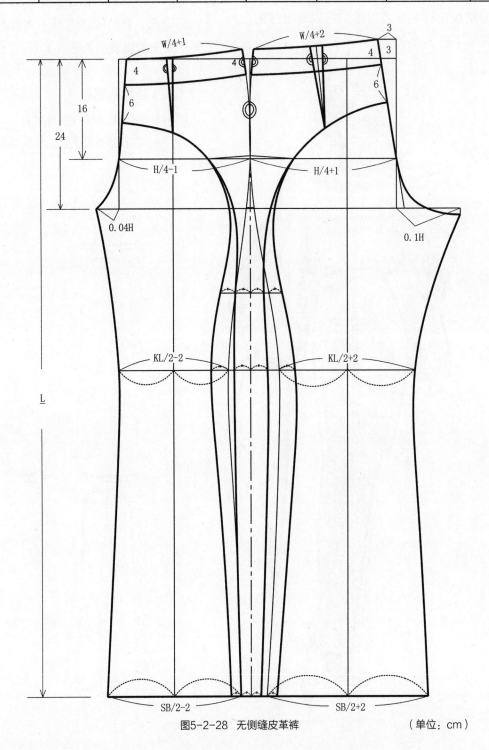

图5-2-28　无侧缝皮革裤　　　　　　　（单位：cm）

十、褶裥裤结构设计与纸样

（一）款式、面料与规格

1. 款式特点

褶裥裤是一条前中挺缝线变为褶裥的锥形裤子。依据款式的特点，前腰口收两个省，并在省的中间作暗褶裥展开设计，展开量设为12cm。裤子的后腰口设计4个省，与前片的褶裥展开相匹配。另外，裤子的脚口收小形成锥形裤，脚口的暗褶裥与腰口的暗褶裥连在一起，在上下两端约12cm处车缝固定（图5-2-29）。

2. 面料

褶裥裤面料选用范围较广，毛料、棉布、呢绒及化纤等面料均可采用，如采用法兰绒、华达呢、美丽诺、哔叽、直贡呢、凡立丁、派力司、单面华达呢、双面卡其等中厚型织物面料。

3. 规格设计

褶裥裤臀围一般在净臀围基础上加放4~10cm，腰围在净腰围基础上加放0~2cm。因此对于160/68A的人来说，成品裤子尺寸可做见表5-2-10的设定。

（二）结构制图要点

结构制图如图5-2-30所示。

①褶裥裤的基本裤型为锥形裤。臀围松量加放不大，较贴体，但褶裥位置加放了褶裥量，可提供一定的裤子松量。

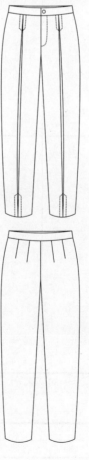

图5-2-29　褶裥裤效果图

表 5-2-10 褶裥裤规格表   （单位：cm）

号 型	部位名称	裤长（L）	腰围（W）	臀围（H）	脚口围（SB）	腰宽
160/68A	净体尺寸	/	68	90	/	/
	成品尺寸	96	68	94	34	3

②先做好基本型裤，在前片的基础上设计褶裥分割线，并加放 12cm 左右的褶裥量。

③前裤片分别在腰围和脚口处将褶裥各自固定 12cm，中间部分的褶裥为活裥，静态时褶裥形态不明显，但动态着装状态时褶裥的形态就比较明显。

（三）样版制作

样版制作如图 5-2-31 所示。

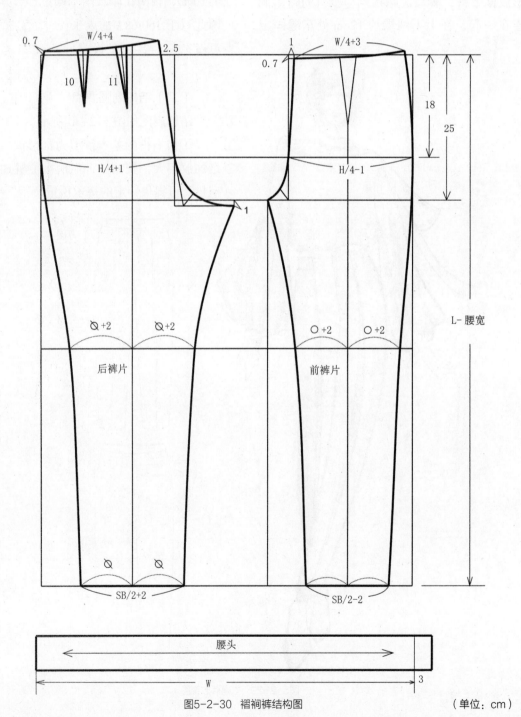

图5-2-30 褶裥裤结构图   （单位：cm）

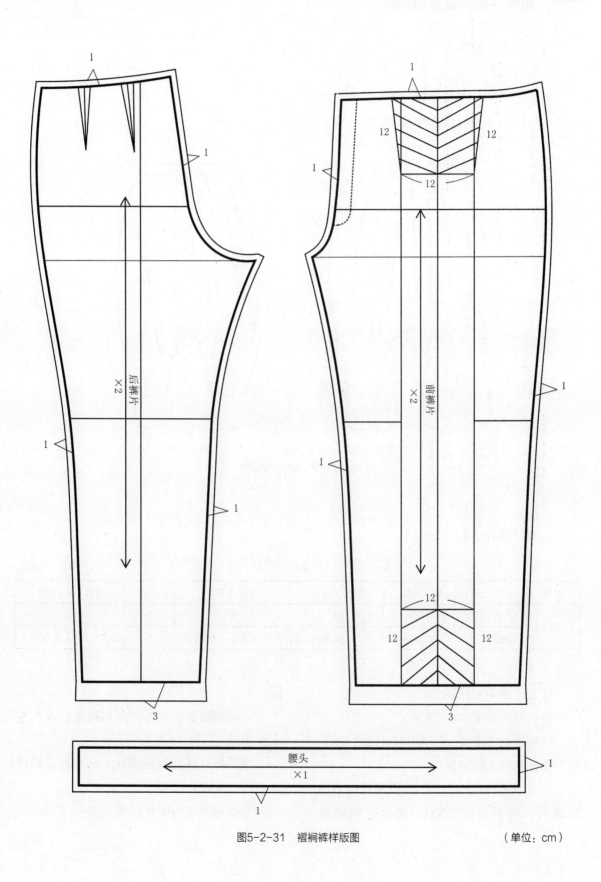

图5-2-31　褶裥裤样版图　　　　　　　　　　（单位：cm）

十一、哈伦裤结构设计与纸样

（一）款式与规格

1. 款式特点

裤腰下裆部有大量褶裥，整体裤型非常宽松，没有直裆,脚口处装松紧(图5-2-32)。

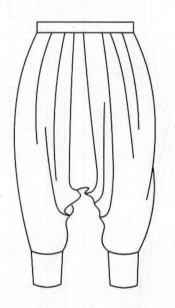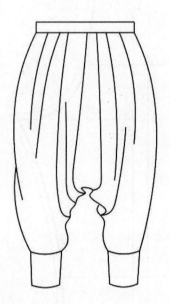

图5-2-32　哈伦裤款式图

2. 规格设计（表5-2-11）

表 5-2-11　哈伦裤规格表　　　　　　　　　　　　（单位：cm）

号型	部位名称	裤长（L）	腰围（W）	臀围（H）	立裆	脚口围（SB）
160/68A	净体尺寸	/	68	90	25	/
	成品尺寸	0.6h-4	W*+ ≥ 30cm	H*+ ≤ 6cm+ 拉展量	29	0.2H ± a（a 为常量）

（二）结构制图要点

结构制图如图 5-2-33 所示。

①按裤长、腰围、臀围作直身裤结构图。

②在裤身上作分割线。

③剪开拉展分割线，在腰围线处作 4 个褶裥，褶裥量为 7.5cm，每个褶裥间隔 6cm。

④画顺腰围线并修正成与侧缝呈 90°左右的角。

⑤后裤片做法同前裤片，前后裤片裆缝处为连口形式。

⑥哈伦裤结构展开如图 5-2-34 所示。

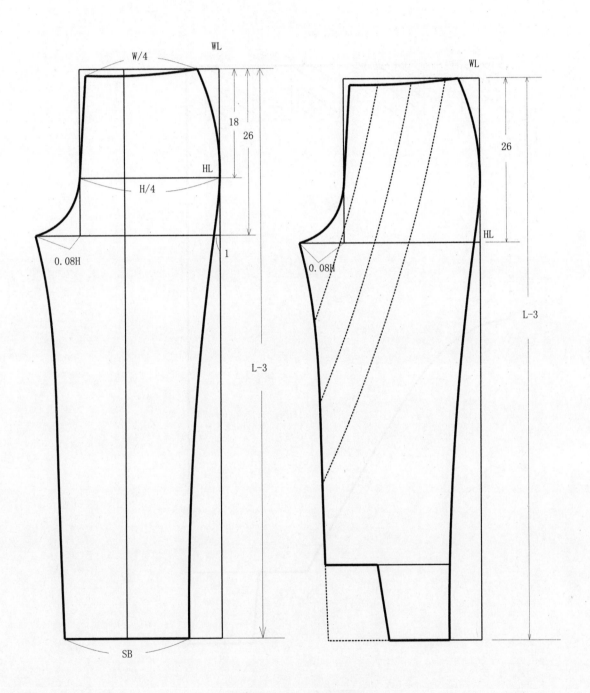

图5-2-33　哈伦裤结构图　　　　　　（单位：cm）

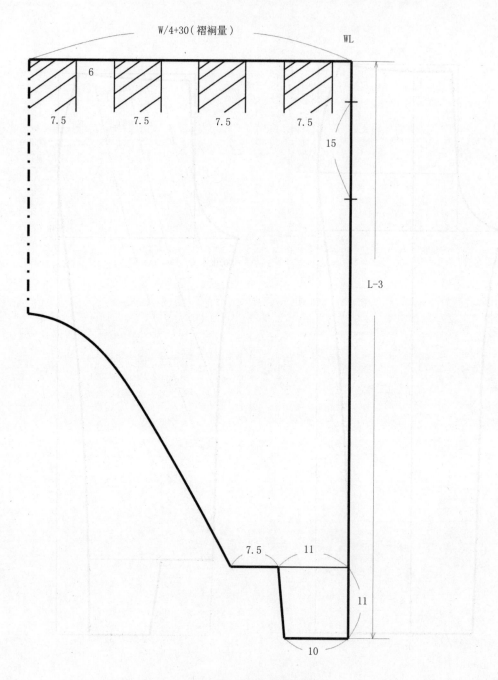

图5-2-34 哈伦裤结构展开图 （单位：cm）

十二、灯笼中裤结构设计与纸样

（一）款式与规格

1.款式特点

裤身呈宽松风格，裤脚扎起（图5-2-35）。

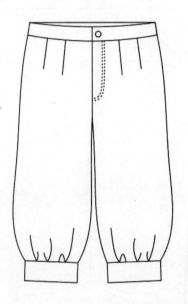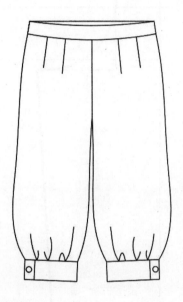

图5-2-35 灯笼中裤款式图

2.规格设计（表5-2-12）

表5-2-12 灯笼中裤规格表 （单位：cm）

号 型	部位名称	裤长（L）	腰围（W）	臀围（H）	立裆	脚口围（SB）
160/68A	净体尺寸	/	68	90	25	/
	成品尺寸	0.4h-2	W*+2cm	H*+内裤厚度+6～10cm	29	0.3H±a（a为常量）

（二）结构制图要点

结构制图如图5-2-36所示。

①前后臀围尺寸分别为 H/4-1cm，H/4+1cm，前后腰围尺寸均为 W/4+ 省。

②总裆宽 0.19H，前后裆宽分配为 0.07H 和 0.12H，后裆倾斜角度为 10°，后裆长增量为 1.5cm。

③前后脚口尺寸为 SB-2cm，SB+2cm，脚口抽褶，装克夫。

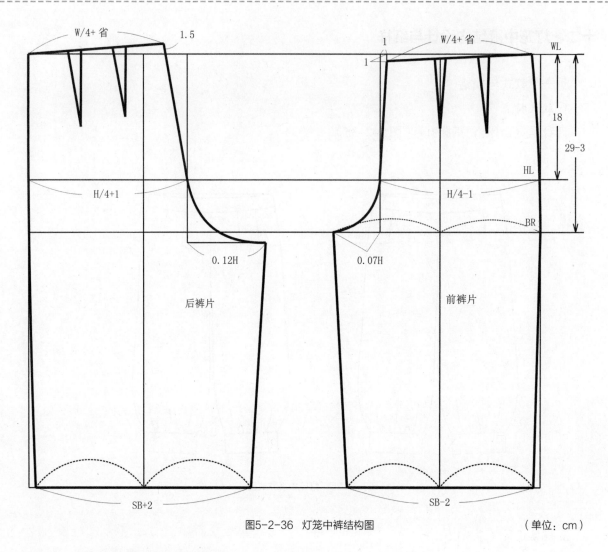

图5-2-36 灯笼中裤结构图   （单位：cm）

十三、田径裤结构设计与纸样

（一）款式与规格

1.款式特点

该短裤为合体风格，上裆运动松量大

（图 5-2-37）。

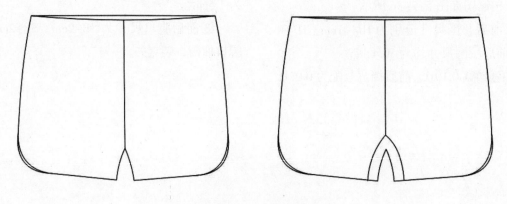

图5-2-37 田径裤款式图

2. 规格设计（表5-2-13）

表5-2-13 田径裤规格表 　　　　　　　　（单位：cm）

号 型	部位名称	裤长（L）	腰围（W）	臀围（H）	立裆	大腿根围
160/68A	净体尺寸	/	68	90	25	/
	成品尺寸	0.3h−10	W*−5cm	H*+4 ~ 6cm	25+ 腰宽	0.5H*+4 ~ 6cm

（二）结构制图要点

结构制图如图 5-2-38 所示。

① 前后臀围尺寸分别为 H/4−1cm，H/4+1cm，前后腰围尺寸均为 W/4−1cm、W/4+1cm。

② 总档宽 0.15H，后上档倾斜角度为10°。

③ 为增大上档部运动松量，在前后窬门内档处进行分割，拼合成裤底档片。其宽度约为上档宽的 1/2，成品裤装的腹臀宽大于0.24H*。

④ 外侧脚口处作成开衩圆角，减少运动时摆脚布料对腿部的束缚。

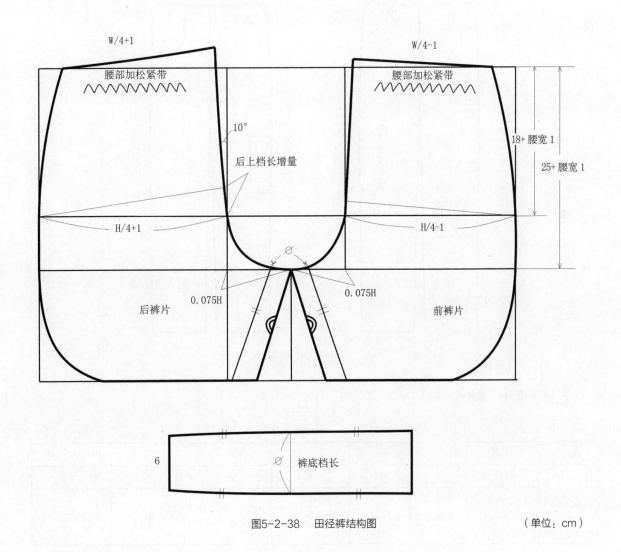

图5-2-38 田径裤结构图 　　　　　　　　　（单位：cm）

十四、连衫裤结构设计与纸样

（一）款式与规格

1. 款式特点

连衫裤是背带上衣与裤装组合成一体的裤装，裤身为较合体风格（图5-2-39）。

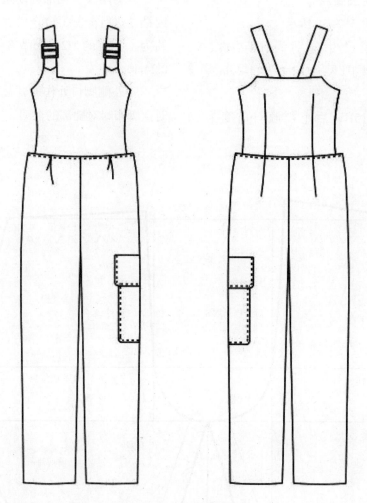

图5-2-39　连衫裤款式图

2. 规格设计（表5-2-14）

表 5-2-14　连衫裤规格表　　　　　　　　　　　　　　　　（单位：cm）

号 / 型	部位名称	裤长（L）	胸围（B）	腰围（W）	臀围（H）	立裆	脚口围（SB）
160/68A	净体尺寸	/	84	68	90	25	/
	成品尺寸	0.6h+2	84+6	W*+ ≥ 4cm	H*+ 内裤厚度 +10 ~ 12cm	30	0.2H+2cm

（二）结构制图要点

结构制图如图 5-2-40 所示。

①裤装前后臀围尺寸分别为 H/4-1cm、H/4+1cm，前后腰围尺寸均为 W/4-1cm+裥、W/4+1cm+省。

②总上裆宽 1.6H/10，前、后上裆宽分配为 0.04H、0.11H，后上裆倾斜角度为 10°，后上裆倾斜增量为 2.5cm。

③在基础腰上增加 4cm 高腰量。

④前后脚口为 SB-2cm、SB+2cm。

⑤在裤装基础上进行背带上衣结构设计，注意后衣身与裤腰拼合时需下落 1cm。

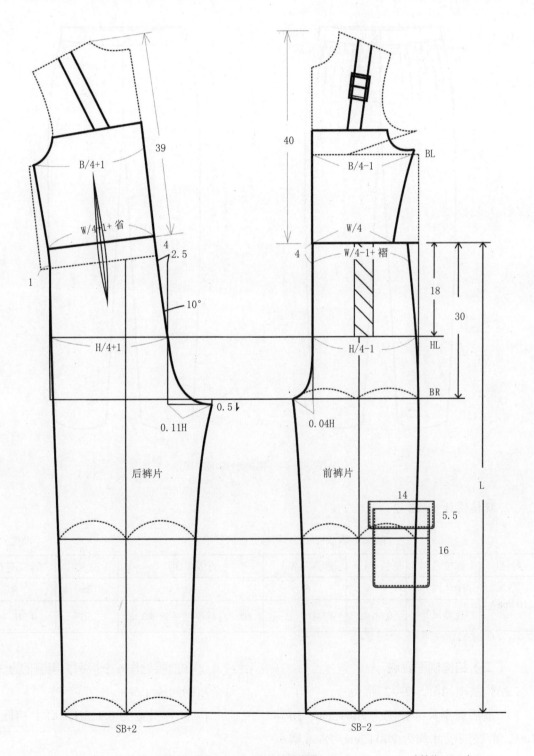

图5-2-40 连衫裤结构图 （单位：cm）

十五、褶裥宽松裤结构设计与纸样

（一）款式与规格

1.款式特点

该裤为宽松风格，前腰有多个褶裥，上档部运动松量大（图5-2-41）。

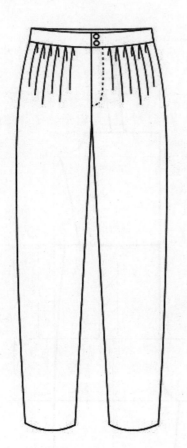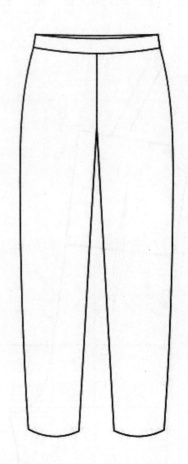

图5-2-41　褶裥宽松裤款式图

2.规格设计（表5-2-15）

表5-2-15　褶裥宽松裤规格表　　　　　　　　　　　　（单位：cm）

号 型	部位名称	裤长（L）	腰围（W）	臀围（H）	立档	脚口围(SB)
160/68A	净体尺寸	/	68	90	25	/
	成品尺寸	0.6h+2	W*+0 ~ 2cm	H*+ 内裤厚度 + ≥ 40cm	30	0.2H−4cm

（二）结构制图要点

结构制图如图5-2-42所示。

①前后臀围尺寸分别为 H/4+2cm，H/4−2cm，前腰围尺寸均为W/4+2cm+18cm 褶裥量，后腰围尺寸为 W/4−2cm+9cm（抽褶量）。

②在前腰处作6个褶裥，褶裥量为3cm，每个褶裥间隔1.5cm。

③总上档宽为0.155H，后上档倾斜角=5°。

④前后脚口为 SB−1cm、SB+1cm。

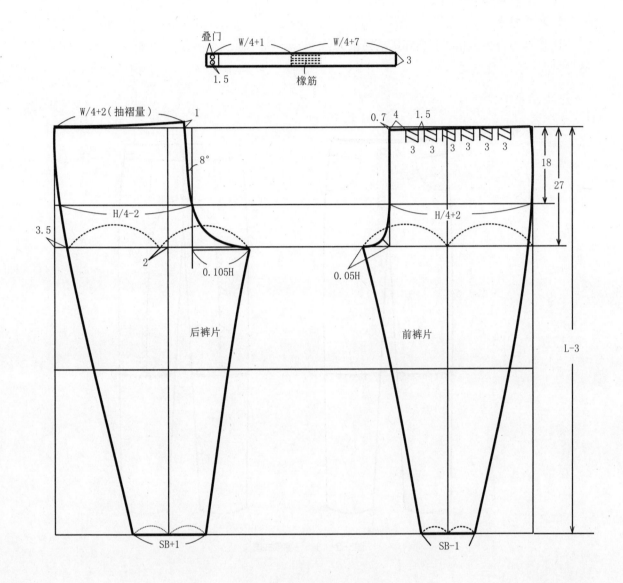

图5-2-42 褶裥宽松裤结构图　　　　　　　　　　　（单位：cm）

十六、马裤结构设计与纸样

（一）款式与规格

1.款式特点

该款裤为合体风格，上裆部运动松量大，裤身纵向分割（图5-2-43）。

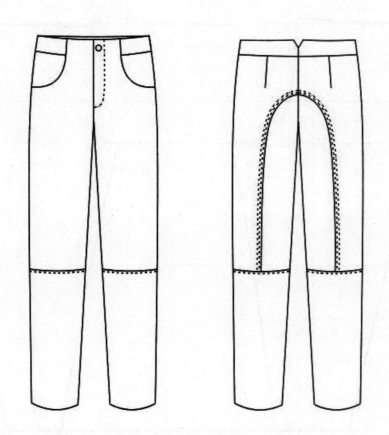

图5-2-43　马裤款式图

2.规格设计（表5-2-16）

表 5-2-16　马裤规格表　　　　　　（单位：cm）

号型	部位名称	裤长（L）	腰围（W）	臀围（H）	立裆	脚口围（SB）
160/68A	净体尺寸	/	68	90	25	/
	成品尺寸	0.6h+2	W*+2cm	H*+内裤厚度+6cm	30	0.2H

（二）结构制图要点

结构制图如图 5-2-44 所示。

①前后臀围尺寸分别为 H/4+0.5cm，H/4-0.5cm，前后腰围尺寸均为 W/4+ 省。

②总上裆宽 1.5H/10，前后上裆宽分配为 0.45H/10、1.05H/10。

③为增大后上裆部运动松量，后上裆倾斜角度为 15°。

④后裤身臀部纵向分割，中裆下横向分割。

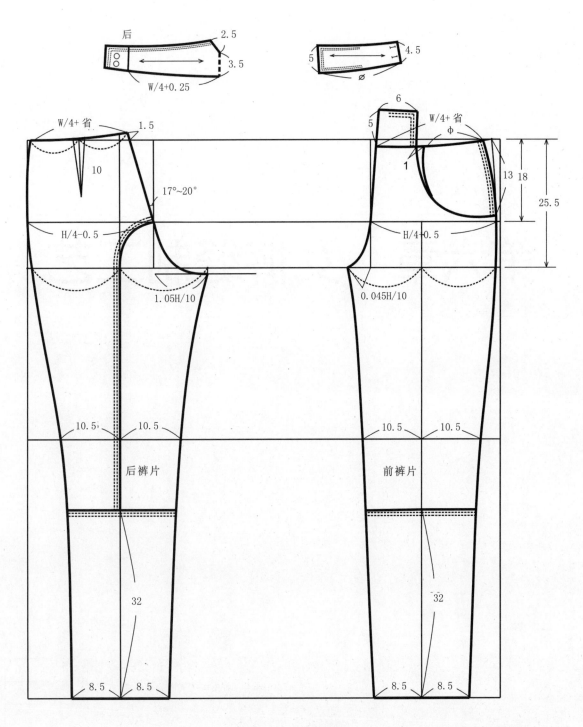

图5-2-44 马裤结构图 （单位：cm）

第六章　女裤缝制工艺

第一节
合体女裤工艺

一、概述

1. 外形特征

整体为合身型，装腰头，前中装门襟拉链，侧缝处设有斜插袋；前后裤片左右各有一个腰省（图6-1-1、图6-1-2）。

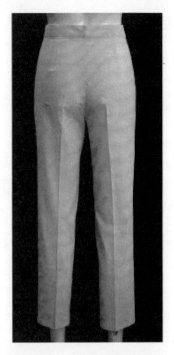

图6-1-2　女裤背面图

2. 适用面料

可用面料范围较广，全毛、化纤、各种混纺面料均可，可根据季节采用不同厚度的面料制作。袋布可选用全棉或涤棉漂白布。

二、规格与面辅料用量

1. 参考规格（表6-1-1）

表 6-1-1　制图参考规格　（单位：cm）

号/型	裤长	腰围	臀围	脚口围	腰头宽
160/68A	100	70	98	18	3.5

2. 面辅料参考用量

①面料：门幅144cm，用量约110cm，估算公式：裤长+10cm。

②辅料：黏合衬适量，配色涤纶线1个，普通拉链1根，扁钮扣一粒，袋布幅宽110cm，用量约35cm。

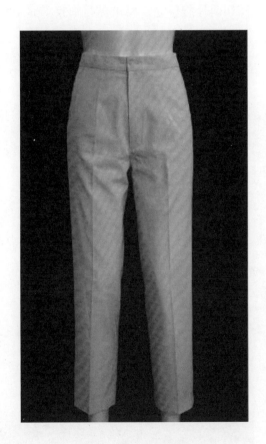

图6-1-1　女裤正面图

三、样版名称与裁片数量（表6-1-2）

四、排料

表 6-1-2

序号	样版种类	名称	裁片数量（片）	备注
1	面料	前裤片	2	左右各一片
2		后裤片	2	左右各一片
3		腰头	1	面里连裁
4		门襟	1	左侧一片
5		里襟	1	右侧一片
6		袋垫布	2	左右各一片
7	辅料	侧袋布（上）	2	左右各一片
8		侧袋布（下）	2	左右各一片

图 6-1-3 采用 144cm 幅宽的面料，将面料宽度对折后摆放纸样进行排料，其他幅宽的面料排料可供参考。袋布裁剪参考图6-1-4。

裁剪后在省道、袋位处做出剪口，方便缝制时对位。

五、裁片黏衬

合体女裤需要黏衬的裁片有腰头、门襟、里襟和前片袋位处；要求黏衬平整牢固（图6-1-5、图6-1-6）。

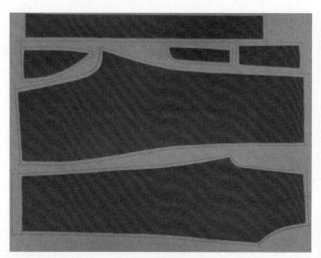

图6-1-3

图6-1-4

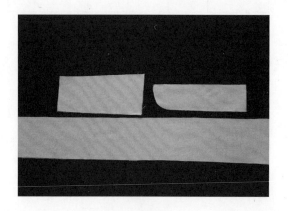

图6-1-5

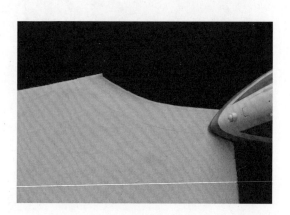

图6-1-6

六、缝制工艺流程

做前片侧袋 →前后片做省 →缝门襟 → 缝合裤腿 → 装门襟拉链 →装腰头→ 整烫。

七、缝制工艺重点、难点

1. 做前片
2. 装拉链
3. 装腰头

八、缝制工艺步骤图解

1. 做前片侧袋

①缉袋垫布：将袋垫布和下层口袋布上的口袋位对齐，沿着缝份缉缝 0.5cm 明线固定（图6-1-7）。

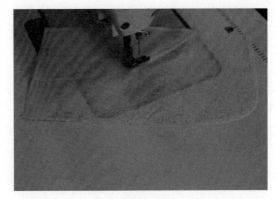

图6-1-7

②做袋口：将上层袋布正面与前片正面袋口处对齐，沿着 1cm 缝份线缝合，要求缝制不拉拽袋口；缝好后将裤片掀开，在袋布上缉 0.1cm 明线固定缝份，再把袋布翻烫至裤片反面，熨烫时将止口烫平整，成品要求止口处不露袋布；熨烫好后在袋口正面缉 0.6cm 明线固定止口（图6-1-8~图6-1-11）。

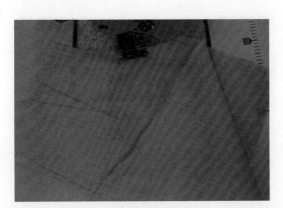

图6-1-8

图6-1-9

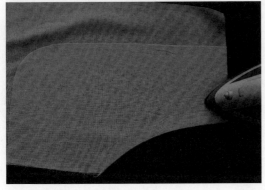

图6-1-10

图6-1-11

③缉袋布：将固定好袋垫布的下层袋布上的口袋位置与做好的袋口对齐，先在袋口上下处缉明线固定，再翻至反面将两层袋布兜缝（可采用来去缝，也可采用平缝）（图6-1-12、图6-1-13）。

2. 前后片做省

前后裤片根据省道记号和剪口由省根缉至省尖，省尖处留线头4cm，打结后剪短，省要缉直、缉尖；烫省时省缝向中间方向烫倒，

从腰口的省根向省尖烫，省尖部位的胖势要烫散，不可有褶皱现象（图6-1-14、图6-1-15）。

3. 缝门襟

把烫好衬的门襟与左前裤片正面相对，沿着前裆弧线以0.7cm缝份缝至腰口，要求上下两层缝合松紧一致；缝好后将门襟烫至裤片反面，熨烫时将止口烫平服，成品要求止口处不露门襟（图6-1-16、图6-1-17）。

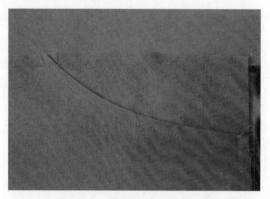

图6-1-12

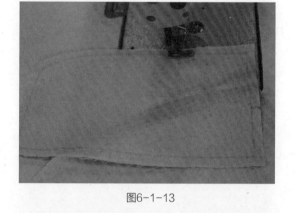

图6-1-13

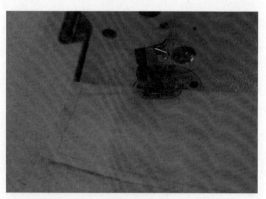

图6-1-14

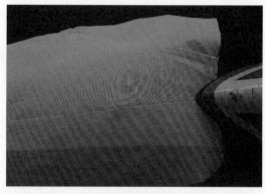

图6-1-15

图6-1-16

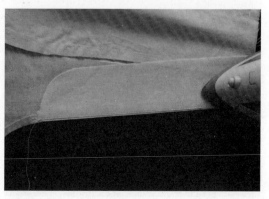

图6-1-17

4. 缝合裤腿

①缝合侧缝和下裆缝：两裤片正面相对，前裤片放在上方，缝份对齐以1cm缉线。缝制时要求缝合线松紧一致，线迹顺直，缝份宽窄一致（图6-1-18、图6-1-19）。

②熨烫裤腿：检查线迹达到要求后开始熨烫，先在反面将缝份分缝烫平，同时将脚口边按照折边宽扣烫，然后翻至正面熨烫平整；再把裤片侧缝与下裆缝缝份对齐熨烫挺缝线，要求前挺缝线顺直，后挺缝线在臀围处有胖势，符合人体（图6-1-20~图6-1-22）。

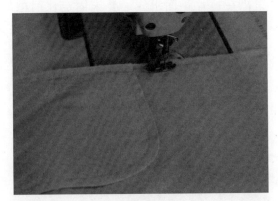

图6-1-18

图6-1-19

图6-1-20

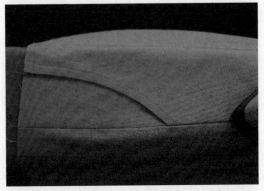

图6-1-21

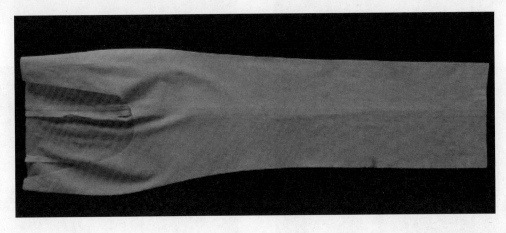

图6-1-22

5. 装门襟拉链

①里襟与拉链固定；将烫好衬的里襟对折，拉链正面朝上摆放在里襟上方，右边对齐后沿边缉 0.5cm 明线固定，要求上下松紧一致（图 6-1-23）。

②缝合裆缝：从门襟下端 1cm 处开始缝合裆弧线，要求缉线圆顺平服（图 6-1-24）。

③右前片与里襟及拉链缝合：扣折右前片前中缝份，扣折后光边距离拉链齿 0.3cm，沿边缉 0.1cm 明线固定至小裆缝合止点处，

要求拉链平服不起皱，线迹整齐（图 6-1-25）。

④门襟与拉链缝合：将左前片裆缝止口盖住右前片 0.2cm，然后翻至反面，将拉链放在门襟上车缝固定（见 6-1-26）。

⑤门襟明线：把拉链摆放平整，沿左前中止口按照门襟造型画线，宽 3cm，掀开里襟在裤片正面缉线，要求固定住门襟的同时保持线迹美观（图 6-1-27、图 6-1-28）。

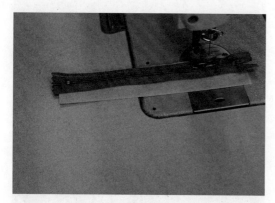

图6-1-23

图6-1-24

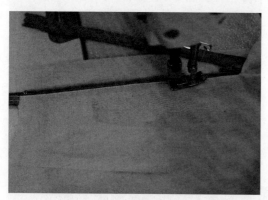

图6-1-25

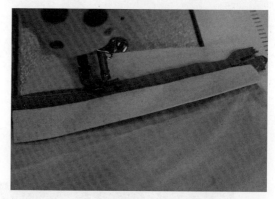

图6-1-26

图6-1-27

图6-1-28

6. 装腰头

①烫腰头：将烫好衬的裁片扣折 1cm 毛边，再按照腰头宽度进行扣烫；扣烫后修剪腰里缝份为 1cm（图 6-1-29、图 6-1-30）。

②绱腰面：将腰面与裤子正面相对，预留两端缝份，从左边至右边按 1cm 缝份绱缝一周，中间对位记号分别对准（图 6-1-31、

图 6-1-32）。

③固定腰里：缝好后将腰头两端在反面缝合，翻至正面后将腰里摆放平整，在腰面下口用沿边缝固定腰里，注意腰里不起涟形。要求正面线迹整齐，同时腰里一定要车缝住（图 6-1-33、图 6-1-34）。

④检查腰头：正面线迹是否整齐美观，

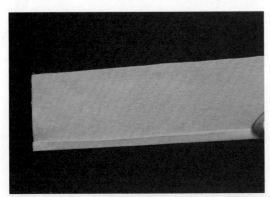

图6-1-29

图6-1-30

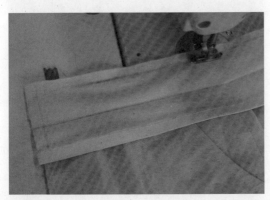

图6-1-31

图6-1-32

图6-1-33

图6-1-34

腰头左右对称、宽窄一致并且高低一致（图6-1-35、图6-1-36）。

7. 整烫

①反面熨烫：将前后裆缝、侧缝、下裆缝分别熨烫平服，应借助烫凳、布馒头等烫具熨烫。

②正面整烫：在正面熨烫，垫上烫布，以免出现极光现象。

烫前挺缝线：先将腰口的省、侧袋烫好，然后将一只裤脚摆放平，下裆缝与侧缝对准，烫平前挺缝线。

烫后挺缝线：后挺缝线烫至臀围线处，在横裆线稍下处需归拢，横裆线以上部位需熨烫出臀围胖势，最后将裤线全部烫平。

③烫腰头：将腰口面里熨烫平服，略归腰口。

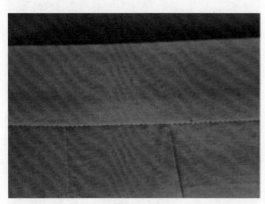

图6-1-35

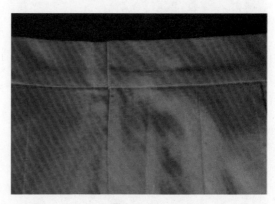

图6-1-36

九、质量要求

①整体美观，规格尺寸符合标准与要求。

②腰头左右对称、高低一致、明线宽窄一致，腰头面里平服无起涟现象，腰口不松开。

③前门襟拉链安装平服不起皱，拉链拉合时拉齿不外露，拉链下端缉缝牢固，前后裆缝无双轨。

④左右侧袋明线美观，袋口平服、高低一致。

⑤各部位整烫平整，前后挺缝线要烫煞，后臀围按归拔原理烫出胖势，裤子穿着时，能符合人体要求，整体无烫黄烫焦等污渍。

第二节
牛仔裤工艺

一、概述

1. 外形特征

低腰位，紧身型，小喇叭裤腿。前裤片左右两侧各一个月亮形挖袋，并在右侧月亮形挖袋内装一方形小贴袋，前中装金属拉链，后裤片有育克分割，并各有一个明贴袋，腰头呈弧形，并装有 5 个襻带（图 6-2-1、图 6-2-2）。

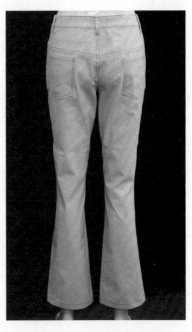

图6-2-2　牛仔裤背面图

2. 适用面料

通常选用全棉牛仔布或者斜纹粗棉布制作，紧身牛仔裤可选用弹力牛仔面料；根据季节采用不同厚度面料制作。袋布可选用全棉或涤棉漂白布。

二、规格与面辅料用量

1. 参考规格（表6-2-1）

表 6-2-1　制图参考规格　（单位：cm）

号 / 型	裤长	腰围	臀围	中裆深	脚口围
160/68A	99	72	90	18.6	23

2. 面辅料参考用量

①面料：门幅 144cm，用量约 110cm；估算公式：裤长 +10cm。

②辅料：黏合衬适量，撞色牛仔线 1 个，金属拉链 1 根，金属钮扣一粒，袋布幅宽 110cm，用料为 30cm。

图6-2-1　牛仔裤正面图

三、样版名称与裁片数量（表6-2-2）

表6-2-2

序号	样版种类	名称	裁片数量（片）	备注
1	面料	前裤片	2	左右各一片
2		后裤片	2	左右各一片
3		腰头	2	面里各一片
4		后贴袋	2	左右各一片
5		侧袋垫布	2	左右各一片
6		硬币袋	1	右挖袋内贴袋
7		门襟	1	左侧一片
8		里襟	1	右侧一片
9		裤襻	2	做好后剪开
10	辅料	侧袋布（上）	2	左右各一片
11		侧袋布（下）	2	左右各一片

四、排料

图6-2-3采用144cm幅宽的面料，将面料宽度对折后摆放纸样进行排料，其他幅宽的面料排料也可供参考。口袋布排料如图6-2-4所示。

裁剪后在袋位处作出缝制记号，方便缝制时对位。

五、裁片黏衬

牛仔裤需要黏衬的裁片有腰头、里襟；要求黏衬平整牢固（图6-2-5）。

六、缝制工艺流程

做前侧挖袋 → 装门里襟拉链 → 做后贴袋 → 拼接育克 → 缝合后裆缝 → 缝合下裆缝 → 缝合外侧缝 → 装弧形腰头 → 缉脚口 → 整烫。

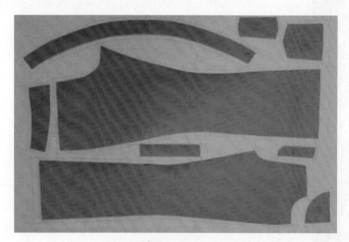

图6-2-3

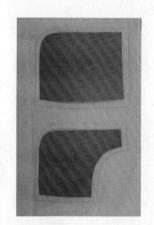

图6-2-4

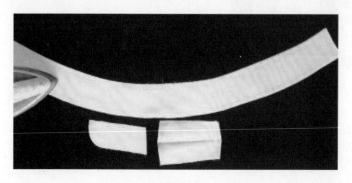

图6-2-5

七、缝制工艺重点、难点

1. 装门里襟拉链
2. 做后贴袋
3. 装弧形腰头

八、缝制工艺步骤图解

1. 做前侧挖袋

①缉硬币袋：扣烫硬币袋后按袋位摆放在袋垫布上，缉双明线固定（图6-2-6、图6-2-7）。

②缉袋垫布：将袋垫布和下层口袋布上的口袋位对齐，沿着缝份缉缝0.5cm明线固定（图6-2-8）。

③做袋口：将上层袋布正面与前片正面袋口处对齐，沿着1cm缝份线缝合，要求缝制时不拉拽袋口；缝好后在弧形处略打剪口，把袋布翻烫至裤片反面，熨烫时将止口烫平整，成品要求止口处不露袋布；熨烫好后在袋口正面缉0.6cm明线固定止口（图6-2-9、图6-2-10）。

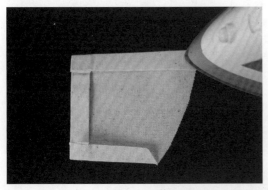

图6-2-6

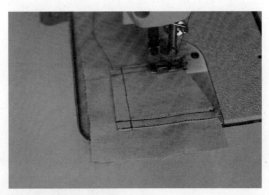

图6-2-7

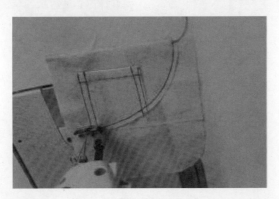

图6-2-8

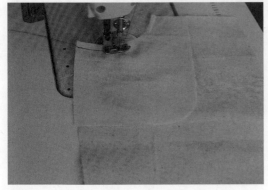

图6-2-9

图6-2-10

④缉袋布：将固定好袋垫布的下层袋布上的口袋位置与做好的袋口对齐，在袋口两端缉明线固定，再翻至反面将两层袋布兜缝（采用来去缝或包缝）（图6-2-11、图6-2-12）。

2. 装门里襟拉链

①缝合小裆：将左右前片正面相对齐，沿着小裆弯往上缝至拉链位置，要求平服不起皱，回针线迹整齐牢固（图6-2-13）。

②缝门襟：将小裆缝份分开，门襟上端与腰口对齐后从下端缝份开始缉缝，缝合后把门襟翻至反面，门襟止口处不外露；再将小裆缝份倒向左裤片后沿边缉0.1cm明线（图6-2-14、图6-2-15）。

图6-2-11

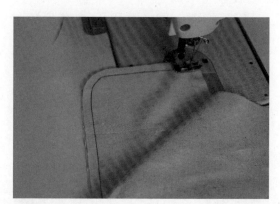

图6-2-12

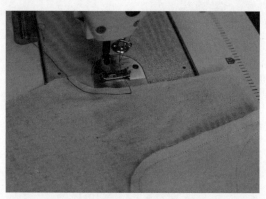

图6-2-13

图6-2-14

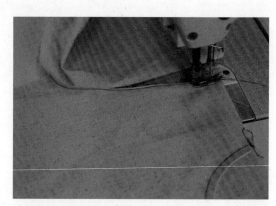

图6-2-15

③装拉链：扣折右前片前中缝份，扣折后光边距离拉链齿 0.3cm，沿边缉 0.1cm 明线固定至小裆缝合止点处；再将左前片裆缝止口盖住右前片 0.2cm，然后翻至反面，将拉链放在门襟上车缝固定。要求拉链平服不起皱，线迹整齐（图 6-2-16、图 6-2-17）。

④门襟明线：把拉链摆放平整，沿左前中止口按照门襟造型画线，宽 3cm，掀开里襟在裤片正面缉双明线，要求固定住门襟的同时保持线迹美观（图 6-2-18、图 6-2-19）。

3. 做后贴袋

后贴袋裁片用模板扣烫好，按照贴袋位置摆放平整后缉双明线固定（图 6-2-20、图 6-2-21）。

图6-2-16

图6-2-17

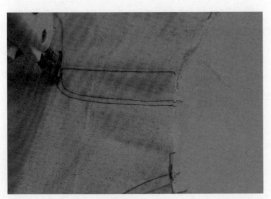

图6-2-18

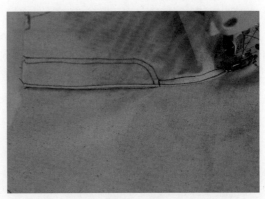

图6-2-19

图6-2-20

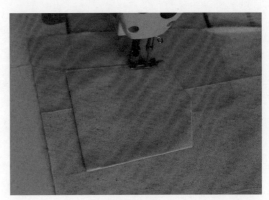

图6-2-21

4. 拼接育克

先将育克和裤片正面相对（育克在上），平缝后再翻至正面，缉上双明线（图6-2-22、图6-2-23）。

5. 缝合后裆缝

后片正面相对先平缝，注意育克处对齐。缝合后再翻至正面，缉上双明线（图6-2-24、

图6-2-25）。

6. 缝合下裆缝

将前后裤片正面相对，前片在上沿着1cm缝份缝合，注意十字裆缝对齐；缝好后翻至正面缉明线固定缝份（图6-2-26、图6-2-27）。

图6-2-22

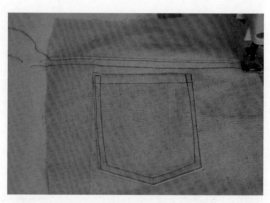

图6-2-23

图6-2-24

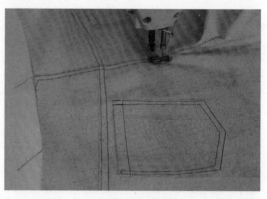

图6-2-25

图6-2-26

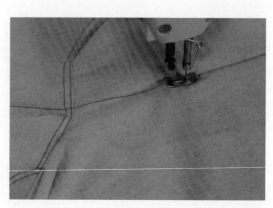

图6-2-27

7. 缝合外侧缝

将前后裤片正面相对，前片在上沿着 1cm 缝份缝合，缝好后翻至正面缉明线固定侧袋部位（袋口下 5cm 左右），缝份倒向后片（图6-2-28、图6-2-29）。

8. 装弧形腰头

①做腰头：腰头面里黏衬，画净样后拼接，注意弧势圆顺；腰里下口扣烫毛边，注意腰里止口不外露（图6-2-30~图6-2-32）。

②绱腰头：将腰面与裤子正面相对，预留两端缝份，从左边至右边按 1cm 缝份缉缝一周，中间对位记号分别对准，缝好后将腰头两端在反面缝合，翻至正面后将腰里摆放平整，在腰面下口边缘缉 0.1 ㎝ 明线固定腰里，注意腰里不起涟形（图6-2-33~图6-2-35）。

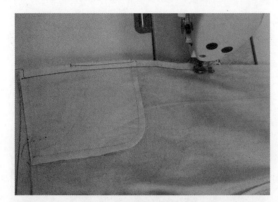

图6-2-28

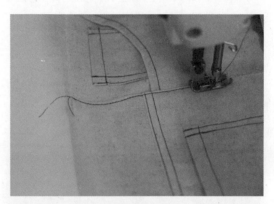

图6-2-29

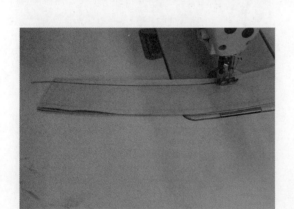

图6-2-30

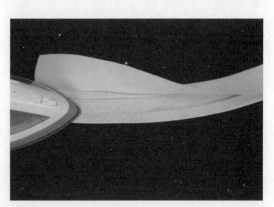

图6-2-31

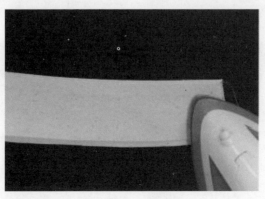

图6-2-32

③固定裤襻：先将裤襻做好（1～1.5cm 宽），扣折裤襻毛缝，明线固定在腰头上下（图6-2-36）。

9. 缉脚口

按照折边宽度采用卷边缝缉脚口，要求正面明线宽度一致，接线在内侧缝（图6-2-37、图6-2-38）。

10. 整烫

①将前后裆缝、侧缝、下裆缝分别熨烫平服，应借助烫凳、布馒头等烫具熨烫。

②正面整烫：在正面熨烫，垫上烫布，以免出现极光现象。

③烫腰头：将腰口面里熨烫平服，略归腰口。

九、质量要求

①整体美观，规格尺寸符合标准与要求。

②腰头左右对称、高低一致、明线宽窄一致，腰头面里平服无起涟现象，止口不反露。

③拉链安装平服不起皱，拉链拉合时拉齿不外露，缉缝牢固，前后裆缝无双轨。

④前挖袋袋口平服，大小一致，袋位高低一致，左右对称；后贴袋大小一致，袋位高低一致，左右对称，育克线左右对称。

⑤各部位缉线顺直，无跳线、断线现象，整烫平整，无烫黄烫焦等污渍。

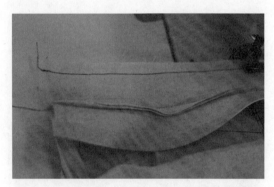

图6-2-33

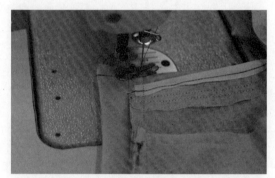

图6-2-34

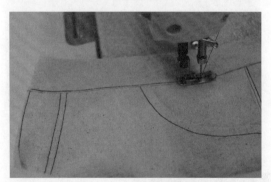

图6-2-35

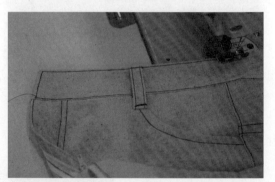

图6-2-36

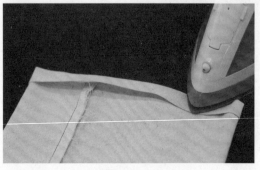

图6-2-37

图6-2-38

第三节
连腰褶裥裙裤工艺

一、概述

1. 外形特征

整体呈 A 字造型，连腰，前中装隐形拉链；前后裤片左右各有 2 个单向褶；腰节处装 4 个宽裤襻，系有装饰腰带，给人以轻松、活跃感（图 6-3-1、图 6-3-2）。

图6-3-2 连腰褶裥裙裤背面图

2. 适用面料

适用面料范围较广，化纤、各种棉麻等面料均可，采用不同面料制作可呈现不同的风格，化纤面料褶裥熨烫容易成型，比较挺括；棉麻面料易形成随意休闲的风格。

二、规格与面辅料用量

1. 参考规格（表6-3-1）

表 6-3-1 制图参考规格　　（单位：cm）

号 / 型	裤长	腰围	臀围	腰宽
160/68A	55	70	98	4

2. 面辅料参考用量

①面料：门幅 144cm，用量约 110cm；估算公式：裤长 ×2。

②辅料：黏合衬适量，配色缝纫线 1 个，隐形拉链 1 根。

图6-3-1 连腰褶裥裙裤正面图

三、样版名称与裁片数量（表6-3-2）

表 6-3-2

序号	样版种类	名称	裁片数量（片）	备注
1	面料	前裤片	2	左右各一片
2		后裤片	2	左右各一片
3		前腰贴	2	左右各一片
4		后腰贴	1	后中连裁
5		腰带	2	排料时为节约面料拼接一次
6		裤襻	2	缝好后剪成4根

四、排料

　　图 6-3-3 采用 144cm 幅宽的面料，将面料宽度对折摆放纸样进行排料，其他幅宽的面料排料也可参考。

　　裁剪后在褶裥处做出剪口，方便熨烫和缝制时对位（图 6-3-4）。

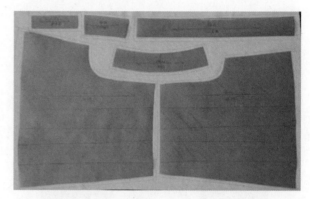

图6-3-3

五、裁片黏衬

　　连腰裙裤需要黏衬的裁片有腰贴、腰带、裤襻；要求黏衬平整牢固（图 6-3-5）。

六、缝制工艺流程

　　做前后片褶裥→装拉链→缝内、外侧缝→缝裆缝→装腰贴→装裤襻→做腰带→整烫。

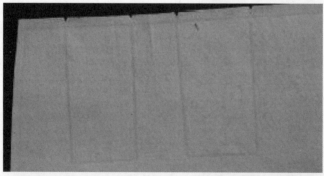

图6-3-4

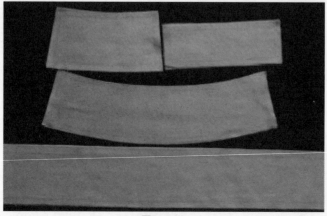

图6-3-5

七、 缝制工艺重点、难点

1. 做褶裥
2. 装拉链
3. 装腰贴

八、 缝制工艺步骤图解

1. 做前后片褶裥

①车缝褶裥：按照褶裥位车缝固定，车缝时对齐剪口，缝至距臀围线5cm处（图6-3-6、图6-3-7）。

②熨烫褶裥：将褶裥正面朝着裁片侧缝倒，顺着褶裥固定线顺势朝底摆熨烫，底摆处褶裥稍微呈张开状态，熨烫好后在褶裥正面缉明线固定（图6-3-8、图6-3-9）。

2. 装拉链

①缝合小裆：确定拉链位置，预留拉链位缝合小裆，要求缉线整齐牢固（图6-3-10）。

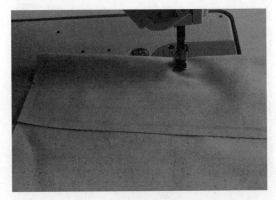

图6-3-6

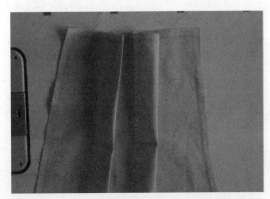

图6-3-7

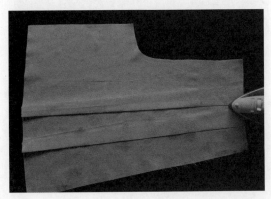

图6-3-8

图6-3-9

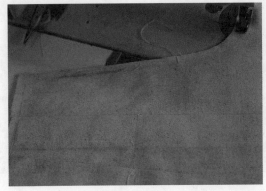

图6-3-10

②装拉链：拉链的正面与裤前片的正面相对，借助单边压脚缉线，靠足拉链齿边；缉线要顺直，宽窄一致，两端长短一致；缉缝好的隐形拉链在裤子正面不能看到拉链齿，要求平服（图6-3-11、图6-3-12）。

3. 缝内、外侧缝

两裤片正面相对，前裤片放在上方，缝份对齐以1cm缉线。缝制时要求缝合线松紧一致，线迹顺直，缝份宽窄一致。注意不要

拉伸，并分缝烫平（图6-3-13、图6-3-14）。

4. 缝裆缝

沿着小裆弧线缝至后裆，缝合时要求十字裆缝对齐，裁片缝份宽窄一致、松紧一致，缉线圆顺。缝好后熨烫时将缝份烫平服，并把后裆拔开（图6-3-15、图6-3-16）。

5. 装腰贴

①拼合腰贴：前后腰贴正面相对，拼合侧缝部位，检查是否圆顺并熨烫平整（图

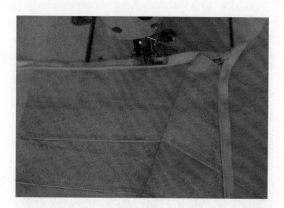
图6-3-11

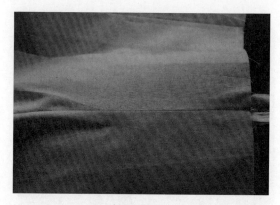
图6-3-12

图6-3-13

图6-3-14

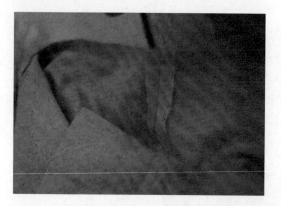
图6-3-15

图6-3-16

6-3-17、图 6-3-18）。

②装腰贴：将腰贴正面与裤子正面相对，由前中缝开始沿缝份线缉腰贴边。要求左右要对称；缝好后将前中拉链上端直角翻正；熨烫平整后检查两端是否一致（图 6-3-19~

图 6-3-22）。

6. 装裤襻

①做裤襻：将裁片正面相对缉缝 1cm，分烫缝份后翻至正面熨烫平整并缉上明线，裁剪成 4 根（图 6-3-23、图 6-3-24）。

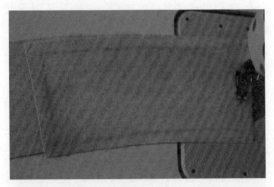

图6-3-17

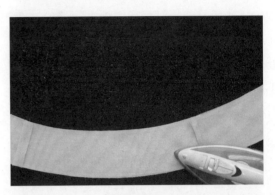

图6-3-18

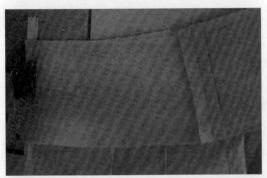

图6-3-19

图6-3-20

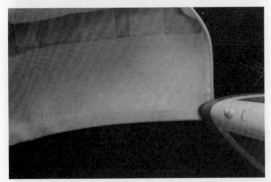

图6-3-21

图6-3-22

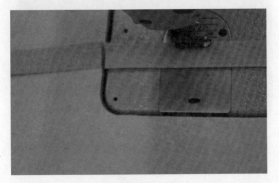

图6-3-23

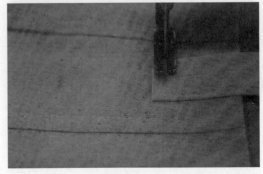

图6-3-24

②装裤襻：按照裤襻位置先缉缝上端，然后把裤襻朝下对齐定位，扣转毛边朝里，在正面缉明线固定，要求线迹整齐牢固（图6-3-25、图6-3-26）。

7. 做腰带

拼接后将裁片对折后缉缝1cm缝份，在适当位置预留5cm不缝合，留着腰带的翻出处，缝好后从预留口翻至正面熨烫平整，在正面缉0.1cm明线固定，注意预留口一定要缉缝住（图6-3-27、图6-3-28）。

8. 整烫

①烫腰线：将腰口面里熨烫平服。

②烫裤身：将裤身褶裥、侧缝熨烫平服，应借助烫凳、布馒头等烫具熨烫。

③烫底摆：在裤子反面将底边熨烫平服，烫时应注意褶裥处造型，所有缝头轻烫以免正面出现痕迹。

九、质量要求

①整体美观，符合款式造型要求。

②腰线左右对称、宽窄一致无涟形，腰贴平服，腰口不松开。

③褶裥造型自然美观，穿着时腰臀处合体。

④拉链安装平服不起皱，拉链拉合时拉齿不外露，拉链下端缉缝牢固，上端腰口左右平齐。

⑤缉线顺直，无跳线、断线现象，缝份宽窄符合要求。

⑥各部位整烫平整有型，无烫黄烫焦等污渍。

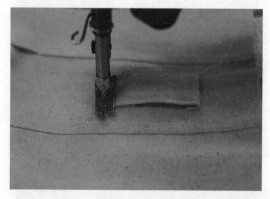

图6-3-25

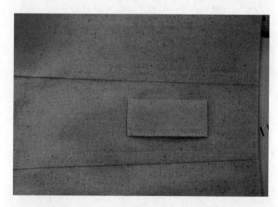

图6-3-26

图6-3-27

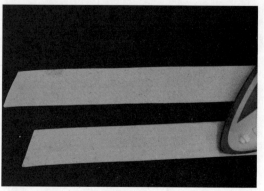

图6-3-28

第七章　男裤款式设计

第一节
男裤概述

一、男裤的定义

男裤是指男性穿着在腰部以下的服装，将裤腰、裤裆及裤腿的面料缝纫而成。裤子具有功能性和美观性，在御寒保暖的同时，也随每一季度的流行趋势产生变化。

现代男性常穿的裤装以西裤、哈伦裤、工装裤、休闲裤、运动裤、牛仔裤为主。与女裤相较而言，颜色更加低调、面料更加挺括，且前门襟略长于女裤。

二、男裤的风格

（一）街头风格

街头风格的男裤潇洒飘逸，随性不羁。面料可分为涤纶、牛仔、帆布等；图案多为街头艺术或标语；色彩多为黑、白、灰色或撞色，是时尚先锋们表露态度、艺术家们彰显街头风格的潮流款式（图7-1-1）。

（二）工装风格

工装风格的男裤功能性极强，款式也以实用性为主。面料主要为牛仔、帆布、亚麻、锦纶等耐磨损、耐腐蚀材质；工艺可分为水洗、扎染、刺绣、印染、磨花等。颜色多为牛仔蓝、米白、卡其、军绿、藏蓝等色调，适合娱乐休闲、远足探险时穿着（图7-1-2）。

（三）法式风格

法式风格的男裤精致高贵、简洁典雅。多采用羊毛织成的高级西装面料，廓型消瘦立体、浪漫华贵；面料多为黑、白、灰等无彩色系（图7-1-3），适合诗意浪漫的法国男士穿着。

（四）英伦风格

英伦风格的男裤考究传统、工艺精湛、裁剪合宜。款式廓型都非常经典，风格稳重优雅，适合温文有礼的英伦绅士穿着（图7-1-4）。

（五）运动风格

运动风格的男裤帅气利落、舒适大方。廓型多为裤身宽松、脚口收紧的设计，腰部系有橡筋或绳带；装饰手法为拼接、系带、镶边等；颜色多为纯色及无彩色，如桃红色、荧光绿、柠檬黄、黑、白、灰等，适合运动健身时穿着（图7-1-5）。

（六）休闲风格

休闲风格的男裤舒适柔软、廓型宽松。材质多为网眼涤纶、棉、莫代尔、天丝等排汗透气，柔软轻薄的面料；装饰手法以系带、镶边、水印、胶印为主；颜色多为纯色及无彩色，如桃红色、荧光绿、柠檬黄、黑、白、灰等，适合休闲娱乐时穿着（图7-1-6）。

图7-1-1　Y-3 2019春夏

图7-1-2　Givenchy 2019 春夏

图7-1-3　Dior Homme 2019早秋

图7-1-4 Burberry 2019 早秋

图7-1-5 Fila 2019 春夏

图7-1-6 Rag & Bone 2019 春夏

第二节
男裤造型设计

一、男裤各部位名称图解

图 7-2-1 以直筒裤为例,标示出了男裤

各部位的名称。男裤的设计取决于男裤的外廓型和内结构变化,将这些元素进行设计与组合,就能产生男裤的各种造型。如改变裤装廓型、腰头的位置、裤身的长度、裤口的宽度、口袋设计、分割设计、褶裥设计等。

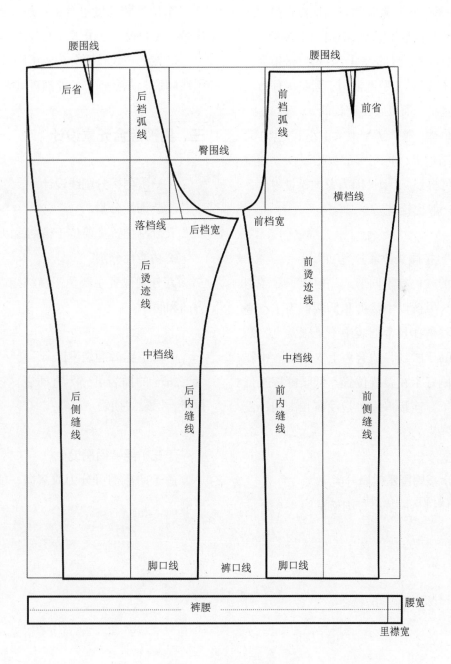

图7-2-1 男裤各部位名称

二、男裤的分类

男裤的款式大同小异,可按照男裤的廓型、腰头的位置、臀围宽松量、裤身的长度、裤口的宽度等不同标准进行分类。

(一)按廓型分类

①筒型:整体呈直筒型(H型),H型属于普通裤腿结构,指裤脚口适量窄于膝部的造型,西裤等正装裤装常采用这种直筒形。

②喇叭型:整体廓型上小下大(X型),X型也叫喇叭裤,臀部松量小,脚口量很大,膝围量也比较小。X型裤常用于紧身牛仔裤,因臀部松量小,所以腰位比较低。

③锥形裤:整体廓型上大下小(Y型),在基本裤结构上,扩充臀部放松量,收紧脚口尺寸即可得到。Y型裤因为臀围松量很大,所以腰位一般比较高。

(二)按腰头位置分类

男裤的腰位有不同形式,但由于穿着习惯的影响,男裤以中腰裤和低腰裤为主,高腰裤及连腰裤在日常裤装中不是很常见。高腰裤裤腰高于腰线,适合束上衣穿着。中腰裤的裤腰刚好卡在腰线位置。低腰裤裤腰低于腰线以下。连腰裤一般指没有腰围线,没有腰头的裤装。

(三)按臀围宽松量分类

①贴体风格裤装:臀围松量为4~6cm的裤装。

②较贴体风格裤装:臀围松量为6~12cm的裤装。

③较宽松风格裤装:臀围松量为12~18cm的裤装。

④宽松风格裤装:臀围松量为18cm以上的裤装。

(四)按裤身长度和裤口宽度分类

①按裤装长度可分为:超短裤、短裤、中裤、中长裤、七分裤、九分裤、长裤等。

②按裤口设计可分为:平脚口、斜脚口、缉线脚口、九分脚口、外翻脚口等。

三、男裤综合元素设计

(一)男裤分割线设计
①装饰性分割
其分割位置主要位于横裆线以下。
②功能性分割
其分割位置主要位于横裆线以上,靠近臀凸和腹凸。

(二)男裤插袋设计
裤子的插袋可分为直插袋、斜插袋、横插袋、挖袋式插袋。

(三)男裤褶裥设计
裤子的褶裥可分为双褶裥、单褶裥、无褶裥。

第八章　男裤版型设计

第一节
男裤原型制图

以男西裤（较宽松型）为例介绍男裤基本款式版型。

（一）款式、面料与规格

1. 款式特点

男西裤（较宽松型）是最常与西服配套的下装，显示男士合体、庄重的风格特征。款式特点为裤前片有两个褶裥，后裤片左右各有两个省道和一个后口袋，裤身属于较宽松型，是男士必备的裤装款式之一（图8-1-1）。

2. 面料

男西裤面料选用范围较广，毛料、棉布、呢绒及化纤等面料均可采用，如法兰绒、华达呢、派力司、隐条呢、双面卡其等中厚型织物面料。

3. 规格设计

根据国家服装号型标准规定，男子标准体身高为170cm，净腰围为74cm，净臀围为90cm（表8-1-1）。

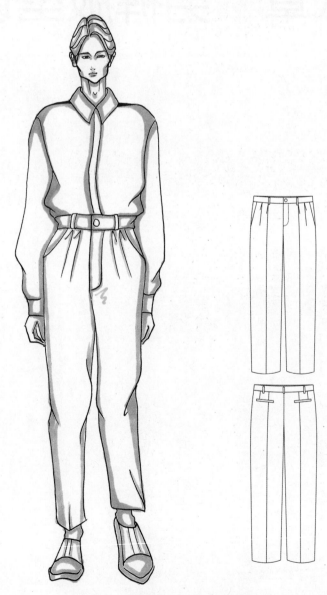

图8-1-1　男西裤（较宽松型）效果图

表 8-1-1　经典男西裤（较宽松型）规格表　　　　　（单位：cm）

号型	部位名称	裤长（L）	腰围（W）	臀围（H）	立裆	脚口围（SB）	腰宽
170/74A	净体尺寸	/	74	90	27	/	/
	成品尺寸	102	76	105	(27-2)+ 腰宽 =29	23.6	4

（二）结构制图要点

结构制图如图8-1-2所示。

1. 绘制基础线

作水平腰围基础线，根据立裆、裤长分别作臀围线、横裆线和脚口线等水平基础线；取 H/2+ 总裆宽 +10cm（前后裤片之间的空隙量），作纵向侧缝基础线，取前臀围 H/4-1cm，后臀围 H/4+1cm，前裆宽 0.045H，后裆宽 0.1H，在前、后横裆中点位置作前、后挺缝线。

2. 前上裆部位

取前腰围 W/4-1+5cm，其中 5cm 为褶裥和省道的宽度，前中心片向内撇进 0.5cm，量出前腰围宽，画顺腰围线、前上裆弧线和上裆部位的侧缝线，省道的位置约在褶裥与口袋的 1/2 处。

3. 后上裆部位

取后上裆倾斜角10°，在腰围基础线上取后上裆斜线与侧缝的中点并向后上裆斜线作垂线，确定后上裆起翘量；取后腰围 W/4+1+3cm，其中 3cm 为后片两个腰省的宽度。画顺腰围线、后上裆弧线和上裆部位的侧缝线，省道的位置在后口袋宽两边各进2cm。

4. 下裆部位

以前、后挺缝线为中心，分别在脚口线上取前脚口 SB-2cm，后脚口 SB+2cm，前中裆在脚口宽度基础上每边各加 1.5cm，后中裆在脚口宽度基础上每边各加 2cm，连接中裆和脚口；用内凹形的曲线画顺中裆线以上的侧缝线和内裆缝，注意线条要流畅顺滑。

5. 后裆宽点下落调整

测量前、后裤片内裆缝的长度并将后裆宽点作下落调整，使前、后内裆缝长度相等。一般后裆下落量约为 0~1cm。

（三）男裤结构设计原理

1. 裤子结构与人体静态的关系

裤子结构与人体静态的关系，反映在前裤片覆合于人体的腹部及前下裆，后裤片覆合于人体的臀部及后下裆。裤子的上裆与人体裆底间有少量的松量。由于男性的腰部体型及穿着习惯将裤腰束在人体自然腰线下落 2cm 左右位置，故在计算立裆时都应减去这个量。前后上裆的倾角与人体都有一定的对应关系。裤子臀围松量分配一般为前部占 30%，裆宽部占 30%，后部占 40%。

2. 裤子结构与人体动态的关系

人体运动时体表形态发生变化会引起裤子的变形。在同样材料、同样松量的条件下，裤子结构不同变量也就不同。斜料比横、直料变形量大。另外人体在运动时，因内层与外层裤子的摩擦力不同其变形量亦不同。

由于人体的臀部非常丰满，它在运动时必然会使围度增加，因此裤子主要是解决好臀围的松量问题。臀部在作 90° 运动时平均增加量是 4cm，再考虑材料的弹性，因此臀围的最小放松量为 4cm- 弹性伸长量。

（四）样版制作

样版制作如图 8-1-3，8-1-4 所示。

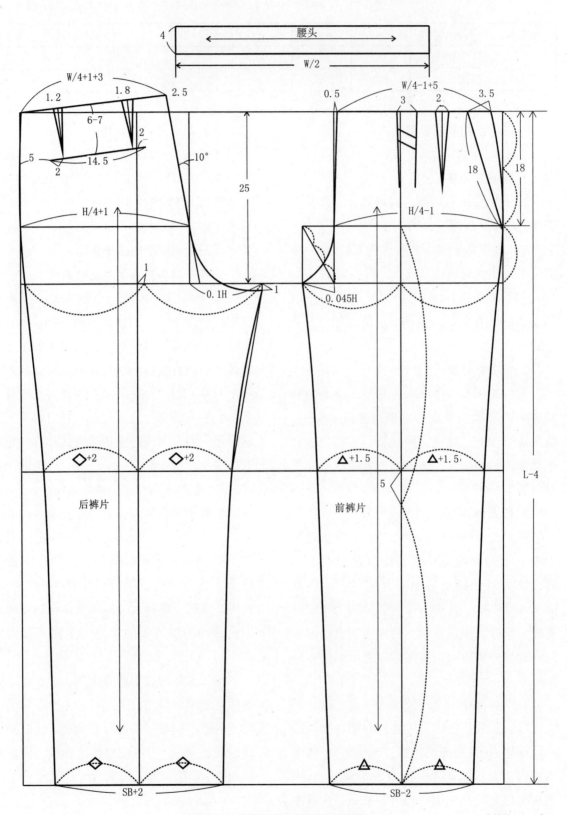

图8-1-2　男西裤（较宽松型）结构图　　　　　　　（单位：cm）

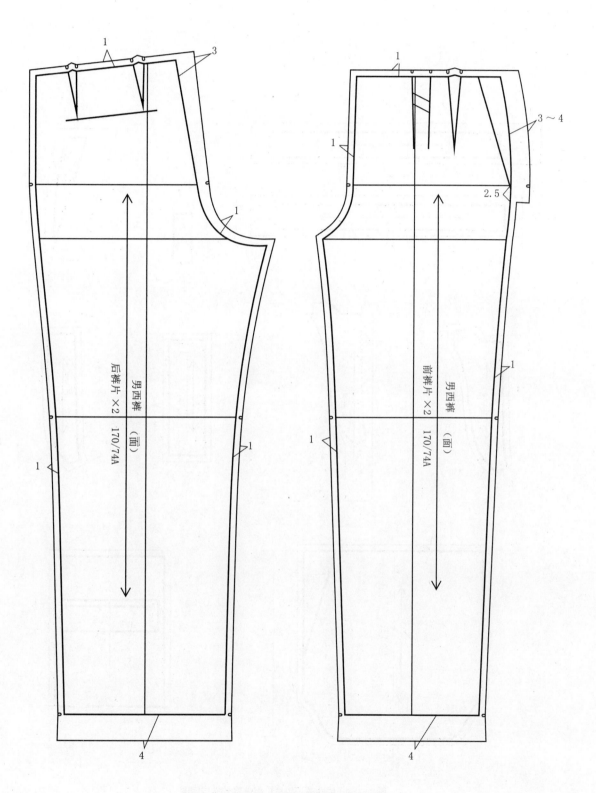

图8-1-3 男西裤（较宽松型）前后片样版图 （单位：cm）

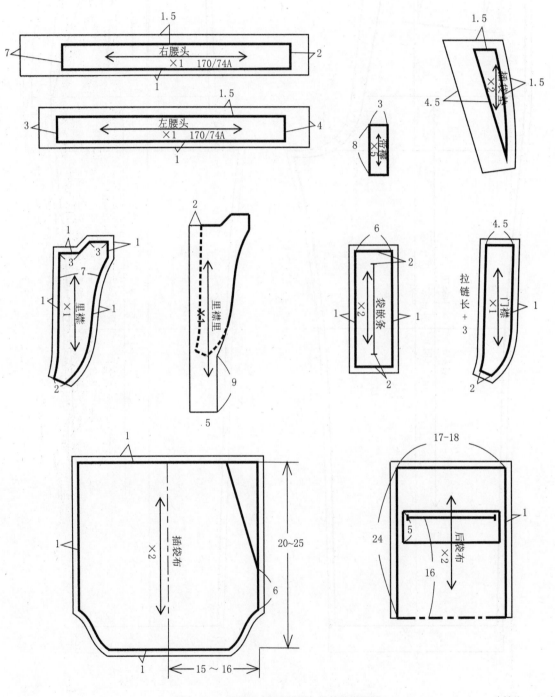

图8-1-4　男西裤（较宽松型）零部件样版图　　　　　　（单位：cm）

第二节
男西裤版型

一、男西裤（宽松型）结构设计与纸样

（一）款式、面料与规格

1. 款式特点

腰部多褶裥男西裤是流行于20世纪90年代初的一款裤型。该款裤子根据一般造型规律，扩充臀部收缩裤口，提高腰位，为了加强这种造型风格，在结构处理上，腰部增加到3个褶，上裆加裆底松量2~3cm，同时收紧裤口。裤子整体造型比较宽松，前腰采用3个腰褶，前两侧斜插袋，后片单嵌线挖袋、双腰省，整体裤子呈上大下小，腰头装7个腰襻。此款可作为休闲或时装裤穿用（图8-2-1）。

2. 面料

男西裤面料选用范围较广，毛料、棉布、呢绒及化纤等面料均可采用，如法兰绒、华达呢、派力司、隐条呢、双面卡其等中厚型织物面料。

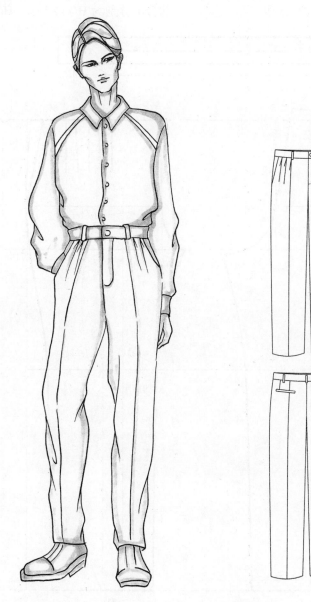

图8-2-1　男西裤（宽松型）效果图

3. 规格设计

根据国家服装号型标准规定，男子标准

体身高为 170cm, 净腰围为 74cm，净臀围为 90cm（表 8-2-1）。

表 8-2-1 男西裤（宽松型）规格表   （单位：cm）

号 型	部位名称	裤长（L）	腰围（W）	臀围（H）	立裆	脚口围 (SB)	腰宽
170/74A	净体尺寸	/	74	90	27	/	/
	成品尺寸	102	76	112	31	24	4

（二）结构制图要点

结构制图如图 8-2-2 所示。

①腰部多褶裥的男西裤属宽松造型，臀围放松量在 20cm 以上。

②宽松的臀围配较长的立裆，显得飘逸、潇洒，此款立裆深为 31cm 比较合适。

③宽松裤前裆部宽度为 0.045H，后裆部宽度为 0.105H。

④前身褶数量设置不低于 3 个，臀部较为宽松，自臀部开始围度逐渐减小至脚口。

⑤由于前裤片设 3 个腰褶裥，前后臀围的分配分别为 H/4+1.5cm，H/4-1.5cm。

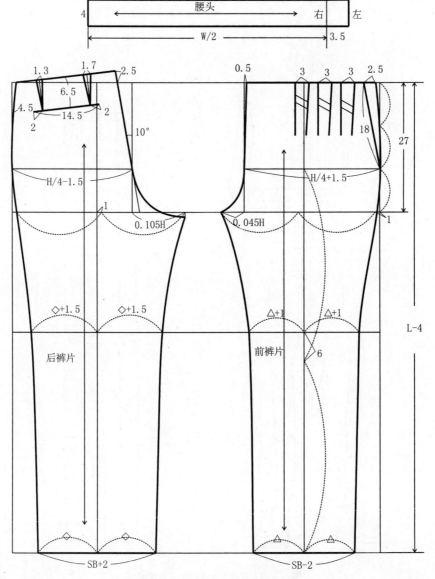

图8-2-2 男西裤（宽松型）结构图   （单位：cm）

二、男西裤（较贴体型）结构设计与纸样

（一）款式、面料与规格

1.款式特点

较贴体型男西裤为休闲裤造型，裤长以腰围高为依据，前片单褶裥、两侧斜插袋，后片2个一字挖袋（或双嵌线），后腰收双省，腰头装7个裤襻。中档至脚口部位的尺寸大小基本一样，形成筒状裤腿的西装裤。裤管宽松、挺直，给人以整齐、稳重的美感。

多与西服、西式大衣配套穿用（图8-2-3）。

2.面料

男西裤面料选用范围较广，毛料、棉布、呢绒及化纤等面料均可采用，如法兰绒、华达呢、派力司、隐条呢、双面卡其等中厚型织物面料。

3.规格设计

根据国家服装号型标准规定，男子标准体身高为170cm，净腰围为74cm，净臀围为90cm（表8-2-2）。

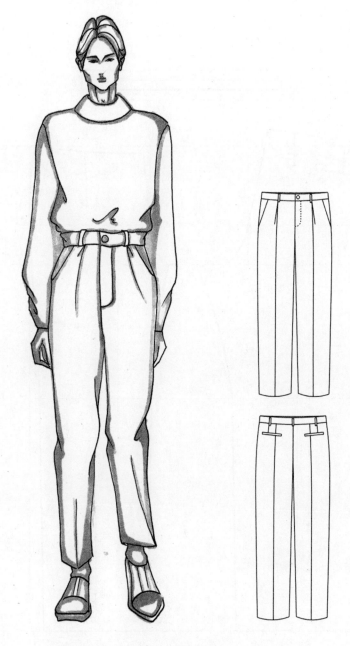

图8-2-3 男西裤（较贴体型）效果图

表8-2-2　男西裤（较贴体型）规格表　　　　　　　　（单位：cm）

号 型	部位名称	裤长（L）	腰围（W）	臀围（H）	立裆	脚口围(SB)	腰宽
170/74A	净体尺寸	/	74	90	27	/	/
	成品尺寸	102	76	102	30	23.4	4

（二）结构制图要点

结构制图如图8-2-4所示。

①腰围的放松量：在净腰围的基础上加放1~2cm。

②单裥基本型男西裤属较贴体型，臀围的放松量在8~12cm。

③前后臀围的计算分别为H/4-0.5cm与H/4+0.5cm。

④裆部宽度基本按前0.04H，后0.1H计算，较合体裤前后裆部宽度的分配比例为：1/4或3/4。

⑤后上裆的倾斜角度为12°。

⑥烫迹线分别向侧缝处偏移，前偏≥1.5cm，后偏≥3cm。

⑦前后裤脚口尺寸分别为前SB-2cm，后SB+2cm。

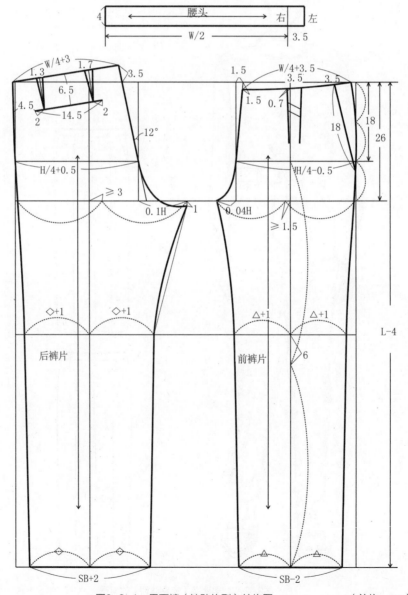

图8-2-4　男西裤（较贴体型）结构图　　　　　（单位：cm）

三、男西裤（贴体型）结构设计与纸样

（一）款式、面料与规格

1. 款式特点

该款裤子立裆较短，与人体相符，穿着舒适。前片无褶裥，两侧斜插袋，后片 2 个一字挖袋，后腰收双省，腰头装 7 个裤襻。中裆至脚口部位的尺寸大小基本一样，形成筒状裤腿的西装裤。裤管宽松、挺直，给人以整齐、稳重的美感。多与西服、西式大衣配套穿用（图 8-2-5）。

2. 面料

男西裤面料选用范围较广，毛料、棉布、呢绒及化纤等面料均可采用，如法兰绒、华达呢、派力司、隐条呢、双面卡其等中厚型织物面料。

3. 规格设计

根据国家服装号型标准规定，男子标准体身高为 170cm，净腰围为 74cm，净臀围为 90cm（表 8-2-3）。

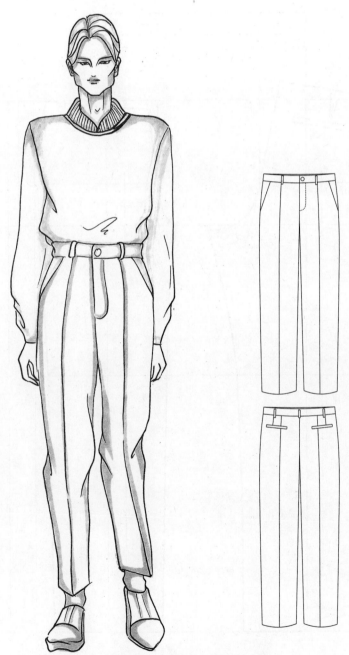

图8-2-5 男西裤（贴体型）效果图

表8-2-3 男西裤（贴体型）规格表　　　　　　　　　　（单位：cm）

号 型	部位名称	裤长（L）	腰围（W）	臀围（H）	立裆	脚口围（SB）	腰宽
170/74A	净体尺寸	/	74	90	/	27	/
	成品尺寸	102	76	98	27	29	4

（二）结构制图要点

结构制图如图 8-2-6 所示。

①无褶男西裤属贴体造型，腰臀部为合体，因无褶裥设计，臀围放松量为 4~8cm。

②为符合人体和造型美观的设计，贴体的臀围配较短的立裆，显得轻快、利落，此款为 23cm。

③为增加裤上裆运动量，后裤烫迹线向外侧缝偏移 1.5cm。

④后上裆倾斜角度为 12°~14°。

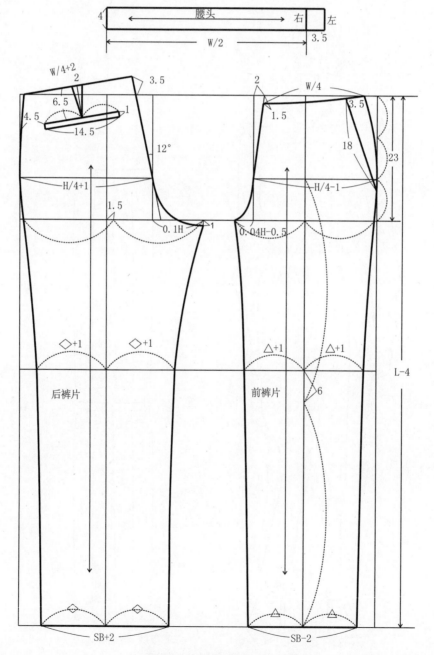

图8-2-6 男西裤（贴体型）结构图　　　（单位：cm）

第三节
变化款男裤版型

一、牛仔裤结构设计与纸样

（一）款式、面料与规格

1. 款式特点

牛仔裤的造型基本上都差不多，立裆较低，前片无褶裥、拷钮、左右各有一个月牙

口袋，前中门襟装拉链，后片无腰省、装腰、5个裤襻。后片有育克分割，2个贴袋、缉明线、钉标牌、平脚口（图8-3-1）。

2. 面料

牛仔裤面料选用范围不是特别广，如纯棉斜纹布、劳动布（又名坚固呢）等中厚型织物面料。

3. 规格设计

根据国家服装号型标准规定，男子标准体身高为170cm，净腰围为74cm，净臀围为90cm（表8-3-1）。

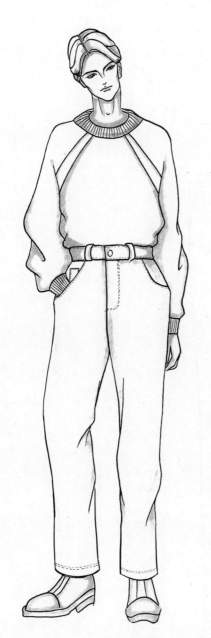
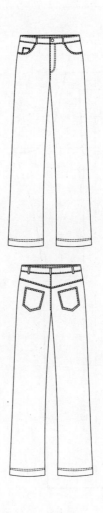

图8-3-1 牛仔裤效果图

表 8-3-1　牛仔裤规格表　　　　　　　　　　　　（单位：cm）

号 型	部位名称	裤长（L）	腰围（W）	臀围（H）	立裆	脚口围(SB)	腰宽
170/74A	净体尺寸	/	74	90	27	/	/
	成品尺寸	102	74	94	25	21.8	4

（二）结构制图要点

结构制图如图 8-3-2 所示。

①牛仔裤属贴体造型，腰臀部极为合体，前片无褶裥设计，臀围放松量不宜太大，一般为4cm左右。

②贴体的臀围立裆较低，此款立裆为25cm比较合适。

③牛仔裤前后腰围的计算与较贴体型裤腰围的计算不同，其原因是：较贴体前片设褶裥，牛仔裤只能在前片的月牙口袋中设1~1.2cm的省，如果按贴体裤腰围分配法则会导致前片腰口劈势过大。因此前裤片与后裤片腰围规格等量，使裤腰口劈势得以控制在适量的范围内，前后腰围的计算分别为W/4，W/4+1.5cm，后片腰围增加的1.5cm为腰省量。

④为增加裤上裆运动量，后裤烫迹线向外侧缝偏移1.5cm。

⑤后上裆倾斜角度15°~17°。

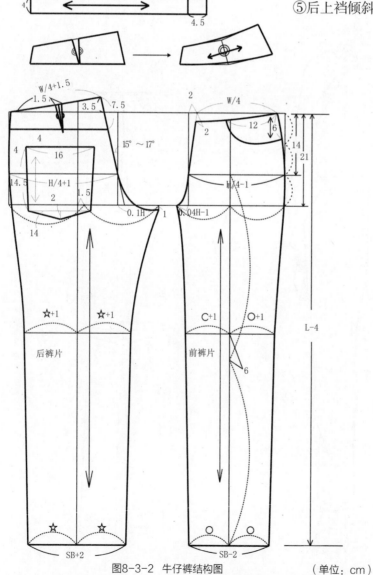

图8-3-2　牛仔裤结构图　　　　　　　　（单位：cm）

二、较宽松型男短西裤结构设计与纸样

（一）款式、面料与规格

1. 款式特点

该款短裤前片有 2 个褶裥、两侧斜插袋，后裤片左右各有 1 个挖袋，前中门襟装拉链，后片 2 个腰省、装腰、7 个裤襻。中老年、中年和青年人皆宜穿着（图 8-3-3）。

2. 面料

男短西裤面料选用范围不是特别广，如加厚纯棉、纯色布、锦棉、天丝棉等中厚型织物面料。

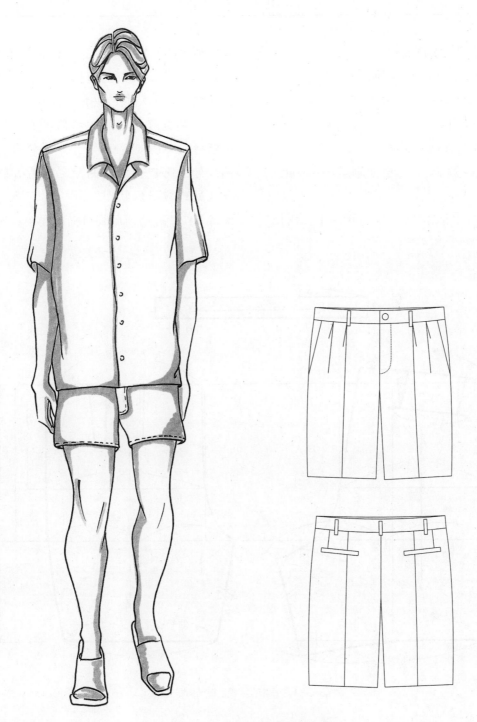

图8-3-3　较宽松型男短西裤效果图

3.规格设计

根据国家服装号型标准规定，男子标准

体身高为170cm,净腰围为74cm,净臀围为90cm（表8-3-2）。

表8-3-2　较宽松型男短西裤规格表　　　　　　　　　　　（单位：cm）

号型	部位名称	裤长（L）	腰围（W）	臀围（H）	立裆	脚口围(SB)	腰宽
170/74A	净体尺寸	/	74	90	27	/	/
	成品尺寸	45	76	104	29	28	4

（二）结构制图要点

结构制图如图8-3-4所示。

①裤长的确定位于膝上10cm左右或根据爱好自行调节。

②后上裆倾斜角度取10°。

③前后裤脚口尺寸分别为SB-3cm、SB+3cm。

④后裆缝低落数值：一般情况下，西长

裤后裆缝低落数值基本上在1cm之内波动，西短裤则在2~3cm的范围内波动。可以看到横裆与后下裆缝的夹角大于90°，这主要是后下裆缝有一定的倾斜角度所致，而前下裆缝的夹角接近90°，前后裆缝合后，下裆缝处的脚口会出现凹角，把后脚口上的横线处理成弧形状，使其与后下裆缝夹角保持90°就可使前后脚口横向线顺直连接。

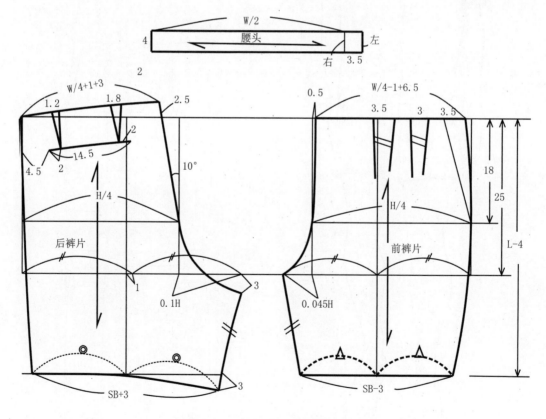

图8-3-4 较宽松型男短西裤结构图　　　　　　　　　（单位：cm）

三、较贴体型男短西裤结构设计与纸样

（一）款式、面料与规格

1. 款式特点

该款短裤前片有 1 个褶裥、两侧斜插袋，后裤片左右各有 1 个挖袋，前中门襟装拉链，后片 1 个腰省、装腰、7 个裤襻。中老年、中年和青年皆宜（图 8-3-4）。

2. 面料

男短西裤面料选用范围不是特别广，如加厚纯棉、纯色布、锦棉、天丝棉等中厚型织物面料。

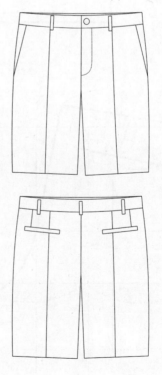

图 8-3-5 较贴体型男短西裤效果图

3.规格设计

根据国家服装号型标准规定，男子标准体身高为170cm，净腰围为74cm，净臀围为90cm（表8-3-3）。

表8-3-3 较贴体型男短西裤规格表　　　　　　　　　　　　　　　（单位：cm）

号 型	部位名称	裤长（L）	腰围（W）	臀围（H）	立裆	脚口围(SB)	腰宽
170/74A	净体尺寸	/	74	90	27	/	/
	成品尺寸	45	76	100	29	26	4

（二）结构制图要点

结构制图如图 8-3-6 所示。

①裤长的确定位于膝上 10cm 左右或根据爱好自行调节。

②后上裆倾斜角度取 12°。

③前后裤脚口尺寸分别为 SB-3cm、SB+3cm。

④后裆缝低落数值：一般情况下，西长裤后裆缝低落数值基本上在 1cm 之内波动，西短裤则在 2~3cm 的范围内波动。可以看到横裆与后下裆缝的夹角大于 90°，这主要是后下裆缝有一定的倾斜角度所致，而前下裆缝的夹角接近 90°，前后裆缝合后，下裆缝处的脚口会出现凹角，把后脚口上的横线处理成弧形状，使其与后下裆缝夹角保持 90°就可使前后脚口横向线顺直连接。

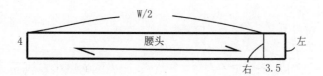

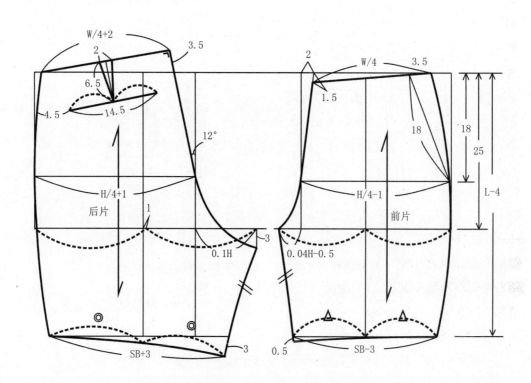

图8-3-6 较贴体型男短西裤结构图　　　　　　　　　　　（单位：cm）

第九章　男西裤制作工艺

一、概述

1. 外形特征

整体为合身型,装腰头,前中装门襟拉链,前裤片反裥左右各1个,裤襻6个,侧缝斜插袋左右各1个,后裤片左右收省各1个,双嵌线开袋左右各1个(图9-1-1、图9-1-2)。

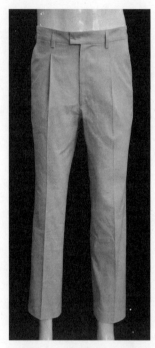

图9-1-1　男西裤正面图

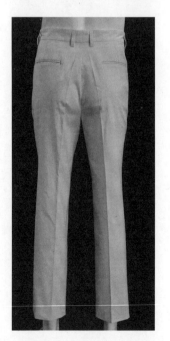

图9-1-2　男西裤反面图

2. 适用面料

适用面料较广,全毛、化纤、各种混纺面料均可,根据季节采用不同厚度面料制作。袋布可选用全棉或涤棉漂白布。

二、规格与面辅料用量

1. 参考规格(表9-1-1)

表9-1-1　制图参考规格　(单位: cm)

号/型	裤长	腰围	臀围	中裆长	脚口围
170/74A	104	78	104	25	23

2. 面辅料参考用量

①面料:门幅144cm,用量约115cm,估算公式:裤长+10cm。

②辅料:黏合衬适量,配色涤纶线1个,普通拉链1根,钮扣3粒,袋布幅宽110cm,用料约50cm。

三、样版名称与裁片数量（表9-2）

表 9-1-2

序号	样版种类	名称	裁片数量（片）	备注
1	面料	前裤片	2	左右各一片
2		后裤片	2	左右各一片
3		腰面	2	左右各一片
4		门襟	1	左侧一片
5		里襟	2	面里各一片
6		侧袋垫布	2	左右各一片
7		侧袋牵条	2	左右各一片
8		后袋嵌条	4	左右各二片
9		后袋垫布	2	左右各一片
10		裤襻	2	缝好后裁剪成六根
11	辅料	腰里	2	左右各一片
12		侧袋布	2	左右各一片
13		后袋布	2	左右各一片

四、排料

采用 144cm 幅宽的面料，将面料宽度对折摆放纸样进行排料，其他幅宽的面料排料可参考图 9-1-3。袋布裁剪参考图 9-1-4。

裁剪后在省道、袋位处作出记号，方便工艺制作时对位。

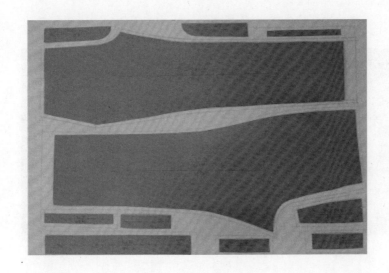

图9-1-3

图9-1-4

五、裁片黏衬

男西裤需要黏衬的裁片有腰头、侧袋牵条、后袋嵌条、袋垫、门襟、里襟和侧袋位、后袋位；要求黏衬平整牢固（图9-1-5~ 图9-1-7）。

六、 缝制工艺流程

做前片侧袋 →后片做省、归拔后裤片 →

做后袋 → 缝合外侧缝 → 缝合内侧缝 → 装拉链→ 装腰头 → 整烫。

七、 缝制工艺重点、难点

1. 做前片侧袋、后片口袋
2. 归拔裤片
3. 装拉链
4. 装腰头

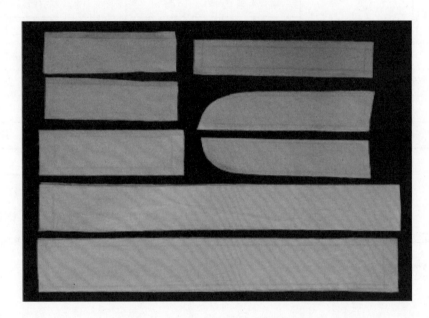

图9-1-5

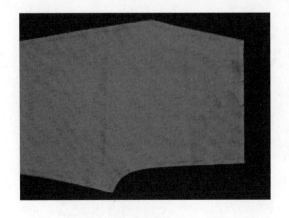

图9-1-6

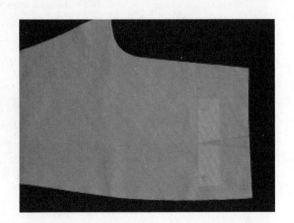

图9-1-7

八、　缝制工艺步骤图解

1. 做前片侧袋

①缉袋垫布：将袋垫布摆放在距离下袋布外侧1cm处，从袋垫布内侧缉线与袋布固定，袋垫下口距离外侧2cm处不缉缝住（图9-8）。

②做袋口：将上层袋布正面与前片正面袋口处对齐，再把牵条反面朝上摆放平整后沿着1cm缝份线缝合，要求缝制不拉拽袋口；

缝好后将裤片掀开，在牵条上缉0.1cm明线固定缝份，再把袋布翻烫至裤片反面，熨烫时将止口烫平整，成品要求止口处不露袋布；熨烫好后在袋口正面缉0.6cm明线固定止口（图9-1-9～图9-1-11）。

③缉袋布：将固定好袋垫布的下层袋布上的口袋位置与做好的袋口对齐，先在袋口上下处缉明线固定，再翻至反面将两层袋布兜缝（可采用来去缝或平缝）（图9-1-12、图9-1-13）。

图9-1-8

图9-1-9

图9-1-10

图9-1-11

图9-1-12

图9-1-13

④做前褶裥：按照剪口位置做前裤片褶裥，先在反面从腰口处按剪口大小向下缉缝3~4cm；缝头朝前中倒，在正面将褶裥与袋布固定（图9-1-14、图9-1-15）。

2. 后片做省、归拔

①后片做省：根据省道记号和剪口由省根缉至省尖，省尖处留线头4cm，打结后剪短，省要缉直缉尖；烫省时省缝向中间方向烫倒，从腰口的省根向省尖烫，省尖部位的胖势要烫散，不可有褶皱现象（图9-1-16、图9-1-17）。

②后片归拔：主要指拔裆。将后裤片臀部区域拔伸，并将裤片上部两侧的胖势推向臀部，将裤片中裆以上两侧的凹势拔出，使臀部以下自然吸进，从而使缝制的西裤更加符合人体体型。

熨斗从省缝上口开始，经臀部从窿门出来，伸烫。臀部后缝处归，后窿门横丝拔伸、下归，横裆与中裆间最凹处拔，在拔出裆部凹势的同时，裤片中部必产生"回势"，应将回势归拢烫平（图9-1-18、图9-1-19）。

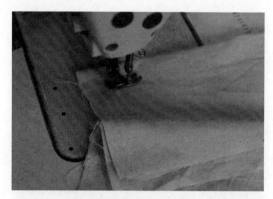

图9-1-14

图9-1-15

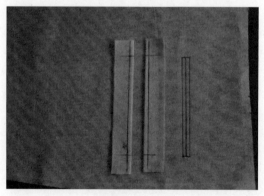

图9-1-16

图9-1-17

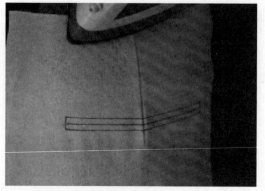

图9-1-18

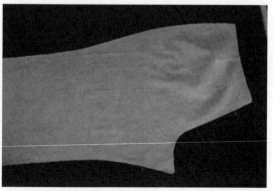

图9-1-19

熨斗自侧缝一侧省缝处开始，经臀部中间将丝缕伸长，顺势将侧缝一侧中裆上部最凹处拔出。熨斗向外推烫，并将裤片中部回势归拢，然后将侧缝臀部胖势归拢。

将归拔后的裤片对折，下裆缝与侧缝对齐，熨斗从中裆处开始，将臀部胖势推出。可将左手插入臀部挺缝处用力向外推出，右手持熨斗同时推出，中裆以下将裤片丝缕归

直，烫平（图9-1-20~图9-1-22）。

3. 做后袋

①准备嵌条和袋布：将黏好衬的嵌条反面折烫1cm毛边，按照口袋尺寸画好净线；在裤片反面摆放袋布，腰口毛缝与袋布平齐。注意袋布两端进出距离一致（图9-1-23、图9-1-24）。

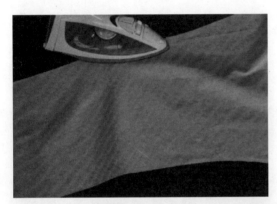

图9-1-20

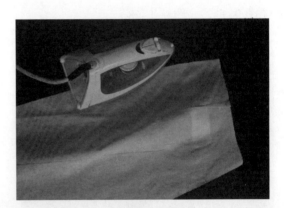

图9-1-21

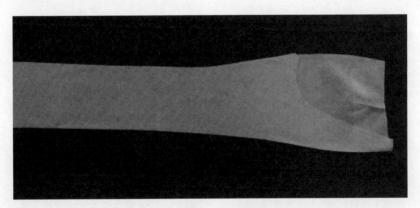

图9-1-22

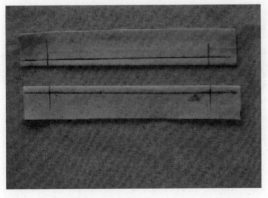

图9-1-23

图9-1-24

②缉嵌条

将嵌条与裤片正面相合，嵌线扣烫的一侧对齐袋位线，以粉印线对齐袋位线缉上嵌线。注意缉线顺直，两线间距宽窄一致，起止点回针打牢（图9-1-25、图9-1-26）。

③剪开后袋

沿袋位线在两缉线间居中将裤片剪开，离端口0.8cm处剪成Y形。注意既要剪到位，又不能剪断缉线，通常剪到离缉线0.1cm处止（图9-1-27、图9-1-28）。

④固定嵌线

烫平嵌线，将三角折向反面烫倒，以防出现毛茬。在反面将三角和嵌线固定在一起，保证袋角方正、嵌线宽窄一致、三角平整无毛露（图9-1-29）。

⑤缉袋垫布：按照后袋实际长度定出垫袋布位置（袋垫布上口必须超出上嵌线1cm），以0.5cm缝份将袋垫布下口和袋布缉缝在一起（图9-1-30）。

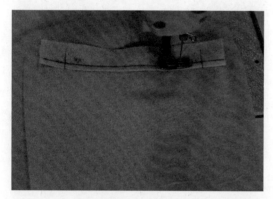

图9-1-25

图9-1-26

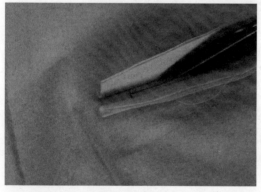

图9-1-27

图9-1-28

图9-1-29

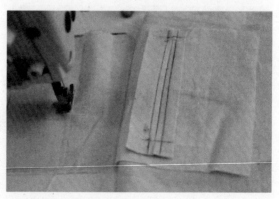

图9-1-30

⑥缉缝袋布

将袋布按袋底位置对折，在上嵌线缝份处把袋布和袋垫布固定在一起（缉缝中间部位）（图9-1-31、图9-1-32）。把袋布毛边朝里扣折0.8cm，在正面以0.1cm明线缉缝止口；最后将袋布上口与腰口缉缝固定，清剪缝头（图9-1-33、图9-1-34）。

4. 缝合外侧缝

①前片在上，后片在下，侧缝对齐，以1cm缝头合缉。缝合时上下层横丝归正，松紧一致，缉线顺直，以防起皱。注意：袋位处要移开下袋布（对准袋垫固定线剪开2cm上袋布），缉至下封口时应将封口紧靠侧缝缉线（图9-1-35、图9-1-36）。

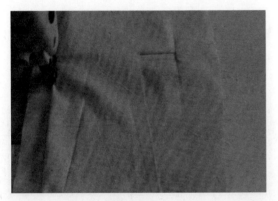

图9-1-31

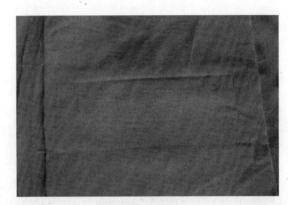

图9-1-32

图9-1-33

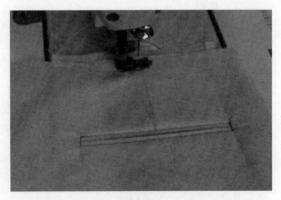

图9-1-34

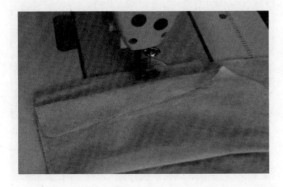

图9-1-35

图9-1-36

②将侧缝分开烫平服，在正面垫布熨烫袋位处；下袋布边沿一个缝头扣折；烫好侧缝后将脚口贴边扣折4cm（图9-1-37、图9-1-38）。

③然后将扣烫好的袋布一侧缉在后片侧缝缝头上，口袋下端（即剪开处）与前片缝头固定（图9-1-39）。

5. 缝合内侧缝

①前片在上，后片在下，后片横裆下10cm处要有适当吃势。中裆以下前后片松紧一致，并应注意缉线顺直，缝头宽窄一致。将下裆缝分开烫平，烫时应注意横裆下10cm略为归拢，中裆部位略为拔伸（图9-1-40、图9-1-41）。

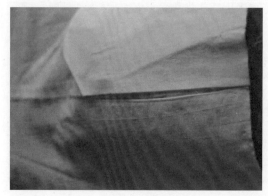

图9-1-37

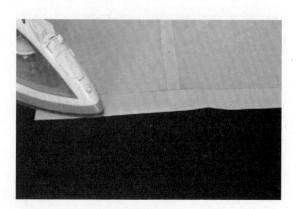

图9-1-38

图9-1-39

图9-1-40

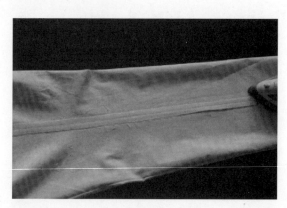

图9-1-41

②把裤子翻至正面，保持后裤片原有的烫迹线摆正裤子，在裤子内侧将侧缝和下裆缝对齐后熨烫前裤片挺缝线；挺缝线上接褶裥下至脚口（图9-1-42）。

6. 装拉链

①做里襟：里襟面和里襟里正面相合，以0.5cm缝头沿外口缉缝；缉好后在圆弧处略打剪口，翻烫平整（图9-1-43、图9-1-44）。

②缝合裆缝：确定拉链位置后从拉链位下端处开始缝合小裆弧线，要求缉线圆顺平服（图9-1-45）。

③缝门襟：把烫好衬的门襟与左前裤片正面相对，沿着前裆弧线以0.7cm缝份缝至腰口，要求上下两层缝合松紧一致；缝好后

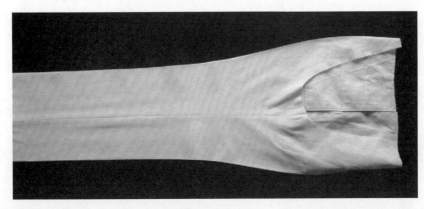

图9-1-42

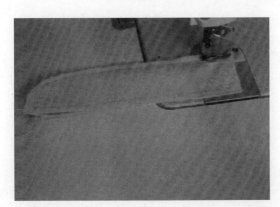

图9-1-43

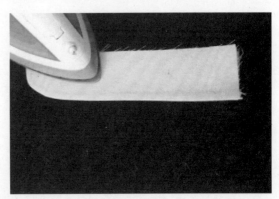

图9-1-44

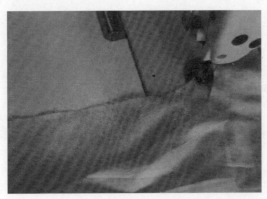

图9-1-45

将门襟翻至裤片反面，缉0.1cm明线固缝份熨烫，将止口烫平服，成品要求止口处不露门襟（图9-1-46、图9-1-47）。

④装拉链：右前片与里襟及拉链缝合：扣折右前片前中缝份，扣折后光边距离拉链齿0.3cm，沿边缉0.1cm明线固定至小裆缝合止点处，要求拉链平服不起皱，线迹整齐。

门襟与拉链缝合：将左前片裆缝止口盖住右前片0.2cm，然后翻至反面，将拉链放在门襟上车缝固定（图9-1-48、图9-1-49）。

⑤门襟明线：把拉链摆放平整，沿左前中止口按照门襟造型画线，宽3cm，掀开里襟在裤片正面缉线，要求固定住门襟的同时保持线迹美观（图9-1-50、图9-1-51）。

图9-1-46

图9-1-47

图9-1-48

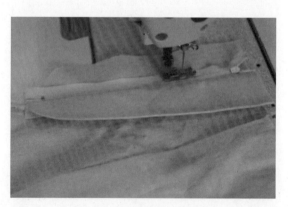

图9-1-49

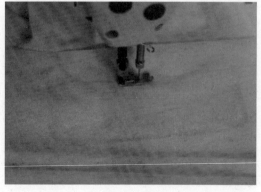

图9-1-50

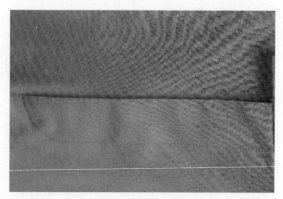

图9-1-51

7. 装腰头

①做腰头：男西裤腰头通常采用分腰工艺，即分别制作左、右两片裤腰，分别装到左、右裤片上，待左右裤片缝合后裆缝时将左右腰头一并缝合。将腰里和腰面缝合，把缝份朝腰里倒，在正面缉 0.1cm 明线固定缝份（图 9-1-52、图 9-1-53）。

缝好后熨烫平整，修剪后扣烫腰里缝份，要求注意腰里止口不外露（图 9-1-54、图 9-1-55）。

②做裤襻：将裤襻两边向中间各扣折 0.7cm，再对折后在正面两边缉压 0.1cm 明止口（若面料太厚，采用正面相合，边沿对齐，以 0.7cm 缝头缉一道。然后让缝子居中，将缝头分开烫平服。用镊子夹住缝头将裤襻翻到正面，让缝子居中将串带烫直。再缉压 0.1cm 明止口）（图 9-1-56）。

③装腰：先固定裤襻，裤襻与裤片正面

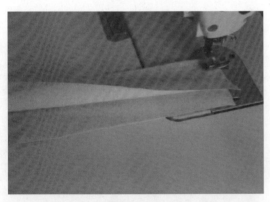

图9-1-52

图9-1-53

图9-1-54

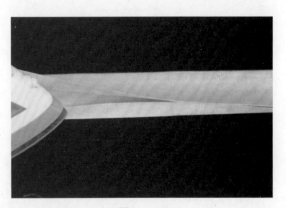

图9-1-55

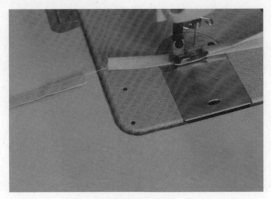

图9-1-56

相合，上端平齐腰口，离边0.5cm缉一道定位，左右裤片对称缉3根裤襻。

④绱腰面：腰面与裤片上口正面相合，装腰刀眼对准，边沿对齐，以0.8cm缝头缉合。装腰时先装左腰，腰头实际长度位置对齐门襟扣折位置起针缉线至后中缝；右腰从后中缝开始缉缝至里襟，要求缉线顺直、平整（图9-1-57、图9-1-58）。

⑤合缉后裆缝：将左右后裤片正面相合，后中腰头面与面、里与里正面相合，上下层对齐，由原裆缝缉线叠过4cm起针，按后裆缝份缉向腰口。注意后裆弯势拉直缉线，腰里下口缉线斜度应与后裆缝上口斜度相对应，为防爆线后裆缝应缉双线。接着把后缝分开烫平服，再将腰面烫直烫顺，装腰缝头朝腰口坐倒（图9-1-59、图9-1-60）。

⑥固定腰里：缝好后将腰头两端在反面缝合，翻至正面后将腰里摆放平整，在腰面下口用沿边缝固定腰里，注意腰里不起涟形。要求正面线迹整齐，同时腰里一定要车缝住（图9-1-61、图9-1-62）。

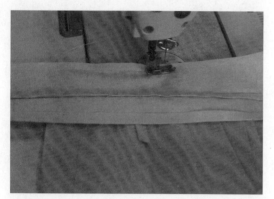

图9-1-57

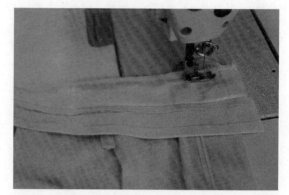

图9-1-58

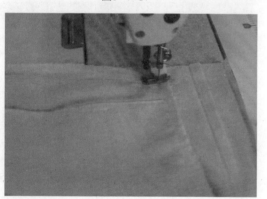

图9-1-59

图9-1-60

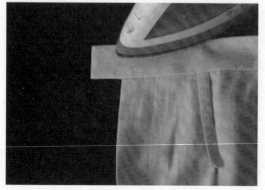

图9-1-61

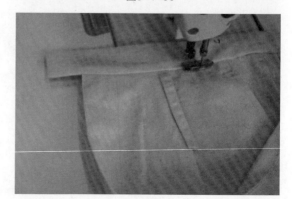

图9-1-62

⑦固定裤襻：在腰线下端1cm处缉缝裤襻，扣折裤襻上端毛缝，明线固定在腰头上口（图9-1-63、图9-1-64）。

⑧检查腰头：正面线迹是否整齐美观，腰头左右对称，宽窄一致并且高低一致（图9-1-65、9-1-66）。

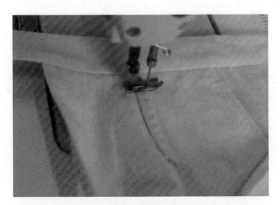

图9-1-63

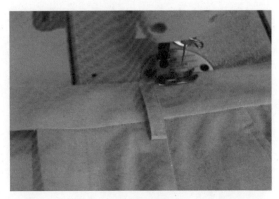

图9-1-64

图9-1-65

图9-1-66

8. 整烫

将裤子上的线头、粉印、污渍清除干净，按先内而外、先上而下的次序，分步整烫。

①先烫裤子内部。在裤子内部重烫分缝，将侧缝、下裆缝分开烫平，把袋布、腰里烫平。随后在铁凳上把后缝分开，弯裆处边烫边将缝头拔弯，同时将裤裆压烫圆顺。

②熨烫裤子上部。将裤子翻到正面，先烫门襟、里襟、裥位，再烫斜袋口、后袋嵌线。

烫法：上盖干湿布两层，湿布在上，干布在下。熨斗在湿布上轻烫后立即把湿布拿掉，随后在干布上把水分烫干，不可烫太久，防止烫出极光。熨烫时应注意各部位丝向是否顺直，如有不顺可用手轻轻捋顺，使各部位平挺圆顺。

③烫裤子脚口。先把裤子的侧缝和下裆缝对准，然后让脚口平齐，上盖干湿水布熨烫，烫法同上。

④烫裤子前后挺缝。应将侧缝和下裆缝对齐。通常，裤子的前挺缝线的条子或丝向必须顺直，如有偏差，应以前挺缝丝向顺直为主，侧缝、下裆缝对齐为辅。上盖干湿水布熨烫，烫法同上。再烫后挺缝，将干湿水布移到后挺缝上，先将横裆处后窿门捋挺，把臀部胖势推出，横裆下后挺缝适当归拢。上部不能烫得太高，烫至腰口下10cm处止，把挺缝烫平服。然后将裤子调头，熨烫裤子的另一片，注意后挺缝上口高低应一致。

九、质量要求

①整体美观，规格尺寸符合标准与要求。

②腰头左右对称，高低一致，腰头面里平服无起涟现象，腰口不松开。

③前门襟拉链安装平服不起皱，拉链拉合时拉齿不外露，拉链下端缉缝牢固，前后裆缝无双轨线迹。

④左右侧袋明线美观，袋口平服，高低一致；后袋嵌线宽紧一致，袋口方正。

⑤各部位整烫平整，前后挺缝线要烫煞，后臀围按归拔原理烫出胖势，裤子穿着时，能符合人体要求，整体无烫黄烫焦等污渍。

第十章 工艺单

本章节收集了部分不同服装公司的工艺单，可以用来作为打板的实战练习，也可以作为制作和填写工艺单的参考（本章选用的工艺单，为了保持原单风格，尽量采用工厂制单的原文，对有明显的地方特征的习惯用语和术语略做修改，仅供使用参考）。

生产工艺单

单位：cm

针型号：7 号

针距：3cm/13 针

款号：116041324148	
商标：订左后腰里居中，距后中 2.5cm。	洗唛：放穿起计左侧里布下摆净的向上 15cm 处订。
内缝：	基本缝位 1cm，后中缝位 1.2cm
线：	拼缝、车线、拷边均用 40S/2 涤纶线
挂耳：	腰里侧缝夹挂耳，挂耳对折外露净长 9cm
前后片：	前后片各按样板点位收省，省尖打结。侧缝拼合倒缝，缝位 0.6cm 拉筒。侧缝下摆处，缝位机器定位
里布：	前后腰口按样板刀眼捏折，侧缝拼合，拷边倒缝。下摆 1.4cm 卷边
腰：	腰面里各按样板包烫、画修、面里侧缝各拼合。大身腰口面与里走线固定。装腰面里车翻（内缝修至 0.6cm），内压 0.1cm 助止口线。大身腰口面与里走线固定，装腰面里压落坑线
后中：	后中缝面里走线固定，再拼合分缝（按样板刀眼留裙拉链位，下口留衩）。后中 0.6cm 拉筒
拉链：	拉链先预缩，再按样板刀眼装拉链，拉链开口净长通码 19cm。拉链尾部包边，拉链两边与大身走线固定，再 0.6cm 拉筒
衩：	衩放平压线，线与拉筒线重叠。衩完成后净长通码 18cm。拉链处两边压 0.6cm 单线。见样衣
中烫：	各部位熨烫平服、自然、无极光
注意事项：前后省左右对称。下摆侧缝，后中对花型。样版面里落差 20cm，大货控制在正负 0.5cm 之间	大货请参照样衣，如有不详之处，请与技术部联系

大 货 尺 寸 表

款号:11604132411481　品名:腰裙　标准:FZ/T 81004-2012　类别:B　单位:cm

部位	前中长含腰		腰围		臀围腰下15cm 弧量		下摆沿边测量		半成口(胸围)			成衣	成衣	成衣	成衣
规格		样板/成衣		样板/成衣		样板/成衣		样板/成衣	样板/成衣	样板/成衣	前片	后片				
尺 寸 规 格	XS 150/56A	60.3/60		64/64		87.3/87		89.6/89								
	S 155/60A	61.3/61		67/67		90.3/90		82.6/82								
	M 160/64A	62.3/62		71/71		94.3/94		86.6/86								
	L 165/68A	63.3/63		75/75		98.3/98		90.6/90								
	XL 170/72A	63.8/63.5		80/80		103.3/103		95.6/95.6					水洗前			
	XXL 175/76A	64.3/64		85/85		108.3/108		100.6/100								

面料:M5X0004: 100% 聚酯纤维　配料:M1J0010:79.8% 聚酯纤维, 18.5% 黏纤, 1.7% 氨纶。　里料:MLP0003: 100% 聚酯纤维

辅工区域　锁眼　后视 0.6cm 长套结×1 个　钉扣:拉链尾部封针×1　侧缝 5cm 线襻×2 根

大烫:各部位熨烫平服,整洁,无烫黄,水渍,亮光

配饰:

包装前要求:平服、美观、无污渍、无线头、无线毛、成衣保持清洁　包装方法:叠装加拷边纸（1 号袋 32×40）

注意事项:

生产工艺单

单位：cm

洗唛：穿起左侧缝向前 5cm 订洗唛。

针距：3cm/13 针　　针型号：7 号

款号：116052105097		
商标：	两头暗钉后腰里居中，尺码夹主唛左边（穿起计）。	
内缝：	基本缝位 1cm	
线：	拼缝、车线、拷边均用 40S/2 涤纶线	
挂耳：	腰里侧缝夹挂耳，挂耳对折外露净长 9cm，挂耳处面里定位	
前片：	前片按样板点位收省，省尖打结，贴袋口卷边 2cm，袋净样板包烫（内缝拷边 0.8cm，按样板点位订袋，面压 0.1cm 止口线。袋左右对称	
后片：	后片按样板点位收省，省尖打结，再按样板点位开袋，袋口净长：XS-S-M：11.5cm，L-XL：12cm，XXL：12.5cm，袋口净宽 1.2cm。袋布来去缝做光。完成后袋口方正，左右对称	
拼缝：	侧缝按样板刀眼拼合（留叉），拷边倒缝。裆缝拼合，拷边倒缝。前后裆一圈按样板刀眼拼合、车双线重叠，拷边倒缝	
门襟：	拉链先预缩，门襟按样板刀眼装，内压 0.1cm 助止口线。门襟装拉链车两条线（门襟面按净样板压线），拉链装好后门襟盖过里襟 0.6cm，里襟下口做光。门里襟定位	
腰：	腰面里各按样板包烫画修，侧缝面里各拼合，烫分缝。腰里下口一圈 0.6cm 拉筒。腰口面与里车翻（内缝修至 0.6cm），装腰面压落坑线	
脚口：	侧缝处车翻，脚口卷边 4.5cm。侧缝处定位车线重叠。衩净长 4.5cm	
中烫：	各部位熨烫平服，自然，无极光	
注意事项：	前后袋、侧缝衩，左右对称。脚口拷边线平车钉位×2	
	大货请参照样衣，如有不详之处，请与技术部联系	

大货尺寸表

款号:11605210505097　品名:短裤　标准:FZ/T 81007-2012　类别:B　单位:cm

部位＼规格	前中长含腰 样板/成衣	腰围沿边量 样板/成衣	臀围腰下16cm弧量 样板/成衣	脚口裥量放平量 样板/成衣	样板/成衣	样板/成衣	样板/成衣	样板/成衣	半成口(胸围) 前片	后片	成衣	成衣	成衣	成衣
XS 150/56A	38.5/38	65.5/65.5	88.5/88	62.6/62										
S 155/60A	39/38.5	68.5/68.5	91.5/91	64.2/63.6										
M 160/64A	39.5/39	72.5/72.5	95.5/95	66.2/65.6										
L 165/68A	40/39.5	76.5/76.5	99.5/99	68.2/67.6										
XL 170/72A	40.5/40	81.5/81.5	104.5/104	70.6/70										
XXL 175/76A	41/40.5	86.5/86.5	109.5/109	73.2/72.6										

（半成口栏注：水洗前）

面料:M1J0022:75.8%棉、20.4%莱赛尔纤维、3.8%氨纶。(粘朴除外)

辅工区域	锁眼:圆眼×1个	套结×5个	钉扣:手工钉24#底扣×1颗	手工钉裤钩×1付

大烫:各部位熨烫平服、整洁,无烫黄、水渍、极光

配饰:

包装前要求:平服、美观、无污渍、无线头、无线毛、成衣保持清洁

包装方法:叠装加拷贝纸　1号袋32×40

注意事项:

生产工艺单

单位：cm

款号：3160451057681-1

主唛：两头暗钉后腰里居中，尺码夹主唛左边。洗唛穿起计左侧缝向前5cm处。	细线针距：3cm/13针　　粗线针距：3cm/10针　　9号针

内缝：	基本缝位1cm，拷边3/17针
线：	拼缝、拷边用40S/2涤纶线　　压线用20S/2撞色粗线　配色，机针：7号
挂耳：	腰里两侧夹挂耳，挂耳对折完成后净长9cm，挂耳处面里定位
前片：	前片袋口面与里车翻，面压0.1cm+0.6cm双线，右小贴袋口卷边压线0.1cm+0.6cm双线，再按净样板包烫，按样板位订绣标。贴袋面压0.1cm+0.6cm双线。袋贴拷边车与袋布做光
后片：	贴袋口拷边，再向内折烫2.5cm宽，贴袋按净样板压装饰线。袋按净样板压袋包烫，点位钉袋压0.1cm+0.6cm双线（袋内不可露毛）。后片上下拼合，面压0.1cm+0.6cm双线
拼缝：	侧缝、裆缝各拼合，拷边倒缝。前后浪拼合，拷边倒缝。面压0.1cm+0.6cm双线。侧缝腰口向下压0.1cm止口线（净长通码15cm）。
门襟拉链：	拉链先预缩，门襟按净样板刀眼装，面压0.1cm止口线（门襟按净样板压0.1cm+0.6cm双线）。拉链装好后门襟盖过里襟0.5cm。里襟下口做光，门里襟定位
腰：	面里腰各按样板包烫画缝，再侧缝拼合分缝。腰口面与里缝（内缝修至0.5cm），腰口按样板放×5个裤襻，裤襻用攻车做，线间距0.6cm，裤襻净宽1cm，完成后净长5.2cm。装腰四周压0.1cm止口线
脚口：	脚口一圈拷边，再向外折烫2cm宽。侧缝、裆底处机器定位。洗水后再烫脚口折边
中烫：	各部位熨烫平服，自然，无极光
注意事项：	前后袋左右对称。整件压0.6cm双线宽窄一致。粗线接头拉反面打结。成衣醉洗
	大货请参照样衣，如有不详之处，请与技术部联系

大 货 尺 寸 表

款号:316045105767681-1　品名:短裤(水洗)　标准:FZ/T81006-2007　类别:B

单位:cm

部位 规格	侧缝长 含腰			臀围 腰下15.5cm含腰			腰围			脚口		
尺寸规格	样板	成衣	洗后	样板	成衣	洗后	样板	成衣	洗后	样板	成衣	洗后
XS 150/56A	31.5	31.5	30	90	92	85	67	68	67	57.8	58.5	54.8
S 155/60A	32	32	30.5	93	95	88	70	71	70	59.7	60.4	56.7
M 160/64A	32.5	32.5	31	97	99	92	74	75	74	62	62.7	59
L 165/68A	33	33	31.5	101	103	96	78	79	78	64.3	65	61.3
XL 170/72A	33.5	33.5	32	106	108	101	83	84	83	67.3	68	64.3
XXL 175/76A	34	34	32.5	111	113	106	88	89	88	70.3	71	67.3

成衣尺寸已加放缩率

面料:MIN0030: 38.6%再生纤维素纤维,38.1%棉,21.9%聚酯纤维,1.4%氨纶(粘补除外)

辅工区域:

锁眼:圆眼×1个　套结×18个(裤襻×10 后袋×2 侧缝×2 门襟×4)

钉扣:敲摇头扣×1颗(夹垫片)　敲铆钉×4付

后道:

大烫:各部位熨烫平服、整洁,无烫黄、水渍、亮光

包装前要求:平服、美观、无污渍、无线头、无线毛、成衣保持清洁

包装方法:

注意事项:

生产工艺单

单位：cm

款号：31605110570S1

商标：	尺码、主唛、洗唛对折重叠做放光穿起计左侧腰口向下15cm处钉		针距：3cm/13针　　针型号：7号
内缝：	基本缝位1cm		
线：	拼缝、车线、拷边均用40S/2涤纶线		
挂耳：	腰里侧缝夹挂耳，挂耳对折外露净长9cm，挂耳处面里定位		
前后片	前片按样板做插袋，袋口面与里车翻（内缝修至0.8cm），内压0.1cm助止口线，袋上口按样板位，压0.1cm 止口线与袋布压车，袋布来去缝做光。 侧缝、裆缝各拼合（右侧缝按样板刀眼留拉链位）拷边倒缝。前后浪车双线拼合、线重叠		
里布：	里布侧缝、裆缝各拼合，（右侧缝按样板刀眼留拉链位）拷边倒缝。前后浪车双线拼合、拷边倒缝。裆底用牵条面与里固定，净长1.5cm		
腰：	前后腰拼合倒缝，腰贴与里布拼合。腰贴与里布拼合，拷边倒缝。腰口面与里车翻（内缝修至0.6cm），内压0.1cm助止口线。后腰按样板点车褶，宽橡筋压线。橡筋净放5cm宽按样板位内放5cm宽橡筋净压线。橡筋净长：XS:28.5cm　S:30cm　M:32cm　L:34cm XL:36.5cm　XXL:39cm，前腰按样板位车褶。按样板位订裤褶×4个，襻折光两边各压0.1cm止口线，襻净宽0.7cm，完成后净长6cm。腰带净宽0.6cm，腰带钉日子襻。完成后净长： XS:99cm　S:102cm　M:106cm　L:110cm　XL:115cm　XXL:120cm		
拉链：	拉链先预缩，再按样板刀眼装拉链，套里布腰贴十字缝对齐。拉链开口净长通码18cm。拉链尾部包边，再与里布定位（拉链处橡筋留1cm不装到头）		
脚口	面脚口折边3cm宽，再面与里套合车翻拷边（内手工撬边3cm/5针），脚口手工封口3cm/5针		
中烫：	各部位熨烫平服，自然，无极光		
注意事项：	前后袋位左右对称。整件0.6cm双线宽窄一致。粗线接头拉反面打结。成衣酵洗 大货请参照样衣，如有不详之处，请与技术部联系		

大 货 尺 寸 表

款号:3160511057051　品名:短裤　标准:FZ/T 81007-2012　类别:B　　　　　单位：cm

部位 规格	前中长 含腰 样板/成衣	腰围 腰口下4cm处量 样板/成衣	臀围腰口下16cm弧量 样板/成衣	脚口 样板/成衣	样板/成衣	样板/成衣	样板/成衣	前片	后片	成衣	成衣	成衣	成衣
XS 150/56A	36.2/35.7	64.8/64.8		67.1/67.1									
S 155/60A	36.7/36.2	67.8/67.8		68.8/68.8									
M 160/64A	37.2/36.7	71.8/71.8		71/71									
L 165/68A	37.7/37.2	75.8/75.8		73.3/73.3									
XL 170/72A	38.2/37.7	80.8/80.8		76/76									
XXL 175/76A	38.7/38.2	85.8/85.8		78.8/78.8					水洗前				

面料：MLJ0058: 56.7%亚麻、43.3%棉　　　里布：L0013: 100%聚酯纤维

辅工区域	锁眼	钉扣：拉链手工封针×1
大烫：各部位熨烫平服、整洁、无烫黄、水渍、极光。前片活折气烫顺直		
配饰：配工艺腰带一条，穿好一起包装		包装方法：叠装（加拷贝纸）1号袋 32×40
包装前要求：平服、美观、无污渍、无线头、成衣保持清洁。吊牌穿主唛内		

生产工艺单

单位：cm
针距：3cm/13针　针型号：7号

绣花

款号：3160515057151	
主唛：	折船型夹后腰里腰里居中，尺码夹主唛左位。洗唛：对折做光放穿起左侧腰口净的向下10cm（含腰）。
内缝：	基本缝位1cm　　拷边3cm/17针
线：	拼缝、车线、拷边均用40S/2涤纶线
挂耳：	腰里侧缝夹挂耳，挂耳对折外露净长9cm，挂耳处面里定位
裤子：	前片插袋面与里车翻，内压0.1cm+0.6cm双线，袋口按样板刀眼与袋布固定，再袋布来去缝，压0.6cm线。前后片各按样板刀眼捏工字褶。侧缝、裆缝各拼合拷边。（右侧缝按样板刀眼留拉链位）。前后浪车双线拼缝，拷边倒缝，缝向后倒。
脚口：	脚口向内折烫2.5cm宽（毛），圆筒拷边
上节：	肩带按样板车翻（内缝修至0.6cm），肩带净宽3.6cm。肩带按样板与前领车走线线固定，前片面与里车翻（内缝修至0.6cm），内压0.1cm助止口线。
腰：	腰面里各拼合，烫分缝，侧缝面里各拼合，画修，腰里下口一圈0.6cm拉筒。前片、肩带按样板与前领车走线线固定。后腰面压腰面落坑线。腰走线线固定，再腰面与里车翻（内缝修至0.6cm），居中压0.1cm助止口线。装腰面压腰面落坑线。后腰筋净长：XS:34cm S:35.5cm M:37.5cm L:39.5cm XL:42cm XXL:44.5cm。3.5cm宽橡筋，侧缝处固定，橡筋拉均匀，居中压一条坑线。
拉链：	拉链先预缩，再按样板刀眼装腰十字缝对齐，拉链开口净通码19.5cm。拉链尾剪2.5cm包边，拉链两边与大身走线固定，再0.6cm拉筒。
中烫：	各部位熨烫平服，自然，无极光。绣花处垫布熨烫。整件0.6cm双线宽窄一致。成衣酵洗
注意事项：	前后袋左右对称，如有不详之处，请与技术部联系。粗线接头拉反面打结。大货请参照样衣

大货尺寸表

款号:3160515057151　品名:背带裤　标准: FZ/T 81007-2012　类别:B

单位: cm

部位＼规格	前中裤长含腰 样板/成衣	腰围 成衣	臀围腰口下16cm弧量 样板/成衣	脚口 样板/成衣	肩带侧边处净长 成衣	样板/成衣	肩带领边处量 成衣	前片	后片	成衣	成衣	成衣
XS 150/56A	44.2/44	64.3		98.5/98.2	52.5		53.8					
S 155/60A	44.7/44.5	67.3		100.3/100	53.8		55					
M 160/64A	45.2/45	71.3		102.6/102.3	55		56.5					
L 165/68A	45.8/45.5	75.3		105/104.7	56.3		57.8					
XL 170/72A	46.2/46	80.3		107.8/107.5	57.6		59					
XXL 175/76A	46.7/46.5	85.3		110.6/110.3	59		60.3					

（水洗前）

面料: M1P0084: 100%聚酯纤维　　里料: MLP0004: 100%聚酯纤维

辅工区域	锁眼		钉扣: 拉链手工封针×1　脚口手工撬边 3cm/5针

大烫: 各部位熨烫平服、整洁，无烫黄、水渍、极光。前片片活折气烫顺直，绣花处垫布熨烫

配饰:

包装前要求: 平服、美观、无污渍、无线头、无线毛、成衣保持清洁。吊牌穿主唛内

包装方法: 挂装（6号袋）

生产工艺单

单位：cm

款号：316054105381

针距：3cm/13针（细线）　针型号：7号

商标：	两头暗钉后腰里居中，穿起尺码在左边。	洗唛：穿起计左侧下摆净的向上10cm处钉洗唛。
内缝：	基本缝位1cm	
线：	拼缝、车线、拷边均用40S/2滌纶线	
挂耳：	腰里侧缝夹挂耳，挂耳对折外露净长9cm。挂耳处机器订位	
前片：	外层、门襟下摆一圈拷边，再向内折烫3cm，前中下摆封角方正。前外层按样板位拼合。内外层侧缝，腰口一圈走线固定。前片按样板做插袋，袋口面与里车翻，内压0.1cm+0.6cm双线。袋布按样板点位位收省、省尖打结。袋布来去缝做光（袋布内不可露毛）	
后片：	后片按样板点位收省，省尖打结。后中缝单层拷边，再按样板刀眼拼合。（留拉链位）烫分缝。侧缝拼合、拷边倒缝	
里布：	前后腰口按样板刀眼捏折，侧缝、裆缝各拼合，拷边倒缝。前后浪一圈拼合（车双线），按样板刀眼留拉链位	
腰：	面里腰各按样板包烫画修，面里侧缝各拼合，烫分缝，腰口面与里车翻（内缝修至0.6cm），内压落坑线。腰里面分开装（腰里内缝拷边），装腰面压落坑线	
拉链：	拉链先预缩，再按样板刀眼装拉链（腰口十字缝对齐），拉链开口净长通码16cm，拉链套里布腰贴十字缝对齐	
下摆：	面下摆圆筒拷边，再折边宽3cm	
脚口：	脚口卷边宽净1.2cm	
中烫：	各部位熨烫平服，自然，无极光	
注意事项：	前后袋位左右对称。整件0.6cm双线宽窄一致。粗线接头拉反面打结。成衣酵洗 大货请参照样衣，如有不详之处，请与技术部联系	

大 货 尺 寸 表

款号:3160541053801 品名:腰裙 标准: FZ/T 81004-2012 类别:B

单位:cm

部位 / 规格	前中长(内层)含腰 样板/成衣	腰围沿边量 样板/成衣	臀围腰下14cm弧量 除腰 样板/成衣	下摆延边量 内层 样板/成衣	半成口(胸围) 前片 样板/成衣	后片 样板/成衣	样板/成衣	成衣	成衣	成衣	成衣
XS 150/56A	41/40.5	63/63	87/86	99.7/99							
S 155/60A	41.5/41	66/66	90/89	102.7/102							
M 160/64A	42/41.5	70/70	94/93	106.7/106				水洗前			
L 165/68A	42.5/42	74/74	98/97	110.7/110							
XL 170/72A	43/42.5	79/79	103/102	115.7/115							
XXL 175/76A	43.5/43	84/84	108/107	120.7/120							

面料: M1J0071: 56.8%棉、39.5%锦纶、3.7%氨纶 (粘朴除外) 里布: MLP0004: 100%聚酯纤维

辅工区域: 锁眼 前衩 0.6cm套结×1个 钉扣: 侧缝 5cm×2根 拉链尾部封针×1 个 下摆机器撬边3cm/9针 前外层半成品机器 撬边3cm/9针 (鱼丝线)

大烫: 各部位熨烫平服、整洁、无烫黄、无污渍、无线头、无线毛、成衣保持清洁。

包装前要求: 平服、美观、水渍、亮光。 吊牌穿商标内 包装方法: 叠装 (1号袋 32×40)

参考文献

[1]　鲍卫君. 女装工艺[M]. 上海：东华大学出版社，2011.

[2]　陈明艳. 女装结构设计与纸样3版 [M]. 上海：东华大学出版社，2018.

[3]　张文斌，刘冠彬. 服装男装结构设计[M]. 北京：高等教育出版社，2010.

[4]　李兴刚，张文斌. 男装结构设计与缝制工艺[M]. 上海：东华大学出版社，2011.

[5]　张文斌. 服装结构设计[M]. 北京：中国纺织出版社，2006.

[6]　刘瑞璞. 服装纸样设计原理与应用（女装篇）[M]. 北京：中国纺织出版社，2008.

[7]　涂燕萍，闵悦. 服装结构设计与应用[M]. 北京：北京理工大学出版社，2010.

[8]　周永祥，胡小清. 女装结构设计与应用[M]. 广东：华南理工大学出版社，2011.

[9]　徐雅琴，等. 裙装结构设计[M]. 北京：中国纺织出版社，2014.

[10] 张孝宠，桂任义. 服装打版技术全编[M]. 上海：上海文化出版社，2006.

[11] 张向辉，于晓坤. 女装结构设计（上）[M]. 上海：东华大学出版社，2009.

[12] 章永红，等. 女装结构设计（上）[M]. 杭州：浙江大学出版社，2005.

女裙·裤装
款式·版型·工艺

NÜQUN KUZHUANG
KUANSHI BANXING GONGYI

《女装结构设计原理》
《女裙·裤装款式·版型·工艺》
《女上装款式·版型·工艺》
《女装立体造型与技术》

责任编辑：马文娟　　封面设计：李　静

东华大学出版社
微信公众号

东华大学出版社
天猫旗舰店

ISBN 978-7-5669-1640-2
9 787566 916402

定价：59.00元